Adersbacher „Bürgermeister"

Eine forstliche Studienreise im Gebirge und Flachland der Provinz Schlesien.

Veranstaltet von der Königl. Forstakademie zu Neustadt-Eberswalde.

Mit 8 Original-Figuren in Holzschnitt, einem lithographirten Felsbilde und einer geologischen Uebersichtskarte.

Berlin, 1875.
Verlag von Julius Springer.
Monbijouplatz 3.

ISBN 978-3-642-49449-9 ISBN 978-3-642-49728-5 (eBook)
DOI 10.1007/978-3-642-49728-5

Vorrede.

Unsere Studierenden des Forstfaches pflegen nach Ablauf des Sommersemesters, unter Führung des Akademie-Directors und der übrigen Docenten, deren Lehrfächer dabei in Betracht kommen, eine größere, meist 10—12 Tage andauernde Studienreise zu unternehmen, welche als Ergänzung des Unterrichts an der Forstakademie dienen soll. Diese Excursion wird, seitdem die zweite Königl. Forstakademie zu Münden besteht, abwechselnd seitens der Neustädter und der Mündener Akademie veranstaltet, während in jedem Jahre die Betheiligung von Studierenden beider Anstalten in Aussicht genommen ist. Die Theilnahme ist jedem Studierenden freigestellt, und findet auf dessen eigene Kosten statt; letztere werden jedoch dadurch auf ein geringeres Maß beschränkt, daß die betreffenden Eisenbahn-Directionen fast durchweg ermäßigte Fahrpreise gewähren, und daß die Beschaffung von Wagen sowie verschiedene andere Veranstaltungen als gemeinsame Angelegenheiten behandelt werden, deren Unkosten sich gleichmäßig unter sämmtliche Theilnehmer repartiren.

Für die Herbst-Excursionen werden solche Gegenden ausgewählt, die in forstlicher, geognostischer, botanischer und zoologischer Hinsicht besonders lehrreich sind und namentlich auch andere Verhältnisse darbieten als die akademischen Lehrforsten. So wurde seitens der Neustädter Forstakademie in den Herbstferien 1867 die Bereisung der Garbe und des Elm, des Nordharzes und Hils-Sollings, im Herbst 1869 die des Thüringer Waldes und 1872 die des Erzgebirges sowie des Süd- und Centralharzes ausgeführt, während die Akademie

Münden im Jahre 1871 den Schwarzwald und 1873 Elsaß-Lothringen besuchte.

Im Jahre 1874 fiel es nun wieder der hiesigen Akademie zu, die forstliche Herbst-Excursion ins Werk zu setzen. Nach reiflicher Erwägung wurden dafür mehrere der interessantesten Theile von Nieder- und Oberschlesien ausgewählt.

Die Vorbereitungen für eine solche Studienreise werden hierselbst möglichst frühzeitig und mit aller Sorgfalt getroffen. Durch eingehende Correspondenz mit den betreffenden Forstbeamten werden die Reiserouten und die sonstigen äußeren Anordnungen im voraus genau festgestellt. Kurz gefaßte Beschreibungen und Karten der zu besuchenden Reviere liegen längere Zeit zum Gebrauche der Studierenden aus. Außerdem wird das Wesentlichste über die geognostische Beschaffenheit der Excursionsgebiete durch besondere Vorträge noch vor der Abreise erläutert.

Die Herbst-Excursion des verflossenen Jahres begann am 17. August mit der Reise nach Warmbrunn am Riesengebirge, und endigte am 27. August in Proskau. Sie fand statt unter Leitung des Akademie-Directors, Oberforstmeisters Danckelmann, dessen besondere Aufgabe die forstliche Instruction war, und unter dienstlicher Betheiligung des Prof. Dr. Remelé zur Erläuterung der mineralogischen und geognostischen Vorkommnisse, des Prof. Dr. Hartig für die Botanik und des Prof. Dr. Altum für die zoologischen Beobachtungen. Außerdem nahmen vom Docenten-Collegium an der Excursion Theil der Versuchsdirigent W. Schütze, welcher den Director bei der Erläuterung der bodenkundlichen Verhältnisse unterstützte, und der Oberförster-Candidat Runnebaum, der an geeigneten Stellen speciell die auf den Wegebau bezüglichen Fragen erörterte. Von Studierenden betheiligten sich an der Excursion: seitens der Neustädter Akademie von Alten, Diekmann, Dreßler (Feldjäger-Lieutenant), Friese, Godbersen (Feldj.-Lieut.), Klay, Körber, Kröker, Krumhaar (Feldj.-Lieut.), Marquardt (Feldj.-Lieut.), Nöldechen (Feldj.-Lieut.), Reuß, Schulz (Feldj.-Lieut.) und Sürie; von Seiten der Akademie Münden Wohlers. Von Solchen, welche die Akademie bereits absolvirt hatten, schlossen sich an der damalige Forsteleve Brinckmann, die Forst-Candidaten Eyser und Siewert.

Wie es schon in früheren Jahren die hiesige Akademie zu ihrer Freude mehrfach erfahren hat, so war auch diesmal seitens derjenigen Forstbeamten, unter deren Verwaltung oder Inspection die besuchten Reviere stehen, keine Mühe gescheut worden, um sowohl durch die verschiedensten Mittheilungen über die einschlägigen Verhältnisse, durch zweckmäßige Einrichtung der Tagestouren und durch specielle Vorbereitungen die einzelnen Excursionen möglichst lehrreich zu machen, als auch um mit aufopfernder Zuvorkommenheit für Bewirthung und Unterkommen der Reisegesellschaft Sorge zu tragen; worin die zweifellos richtige Ansicht zum Ausdruck gelangte, daß namentlich bei derartigen Unternehmungen die geistige Thätigkeit in willkommener Weise durch das körperliche Wohlbehagen angeregt und erhalten wird. Dieser Umstand ist besonders dann von Wichtigkeit, wenn an diesem oder jenem Tage, wie es nicht selten bei solchen Excursionen geschieht, etwas viel des Guten und Lehrreichen gezeigt und gesehen werden soll.

An erster Stelle ist es hier geboten, mit aufrichtigstem Danke des Herrn Oberforstmeisters Tramnitz in Breslau zu gedenken, dessen Betheiligung am größten Theile der Excursion uns ebensowohl zur Ehre und Freude als zu vielfacher Belehrung gereichte. Wie der allerseits verehrte Präsident des schlesischen Forstvereines uns durch seine geistige und körperliche Frische, durch alle gute Eigenschaften des echten deutschen Forstmannes belebte und ermunterte, so hoffen auch wir, daß die gemeinsamen Wanderungen in den schönen Wäldern der ihm liebgewordenen Provinz, der vielseitige Austausch der Ansichten und Erfahrungen, die fröhlichen Jägerlieder, die zur Zeit der Rast erklangen, und die gedankenreichen Reden, welche durch die Gunst des Augenblickes eingegeben wurden, — daß überhaupt Alles, was er in jener Zeit bei schlechtem und gutem Wetter im Kreise der jüngeren Fachgenossen erlebt hat, ihm eine angenehme Erinnerung bleiben werde!

Nicht minder ist es uns eine angenehme Pflicht, dankend anzuerkennen die überaus liebenswürdige Fürsorge, mit welcher der Chef der Gräflich Schaffgottschen Forstverwaltung, Herr Forstmeister Bormann, während unseres Verweilens in den Revieren der Schneekoppe auf unsere wissenschaftlichen und leiblichen Interessen bedacht gewesen ist.

In Breslau hatten wir die Ehre, von dem berühmten Botaniker und Paläontologen, Herrn Geheimrath Prof. Dr. Göppert in dem unter seiner Direction stehenden botanischen Garten der Universität, welcher durch Reichhaltigkeit und brillante Anordnung eine der ersten Stellen einnimmt, persönlich umher geführt zu werden.

Die Freundlichkeit, mit der die verschiedenen Herren Revierverwalter uns der Reihe nach entgegenkamen, war allenthalben eine so aufrichtige und herzliche, daß wir, ohne Einen Derselben besonders hervorzuheben, Allen in gleichem Maße unsern Dank schulden. Es sind die Herren Oberförster: Haas zu Warmbrunn, Weiß zu Städtisch-Hermsdorf, Freiherr von Schleinitz zu Ullersdorf, Krappe zu Gr. Carlsberg, Crelinger zu Reinerz, Hahn zu Peisterwitz, Kirchner zu Rogelwitz, Rosch zu Klodnitz, Sprengel zu Proskau. Im Reviere Chrzelitz übernahm für den abwesenden Oberförster der Oberförster-Candidat Schraubstädter die Führung, welcher diese Aufgabe, Dank seiner genauen Kenntniß des Revieres, mit der größten Umsicht und Geschicklichkeit erfüllte.

War es uns vergönnt, in den Herren Revierverwaltern vorzügliche Forstbeamte, kenntnißreiche Männer wie auch gewiegte Praktiker, kennen zu lernen, so begegneten wir andererseits nicht minder rühmenswerthen Forstschutzbeamten, die in Beziehung auf biedere Anhänglichkeit an ihre Vorgesetzten, auf Liebe zum Walde und auf Tüchtigkeit ihres Gleichen suchen, und welche oft nicht unwesentlich zu unserer Belehrung beitrugen.

Wir hatten ferner an mehreren Tagen das Vergnügen, daß Angehörige und Freunde der grünen Farbe unseren Wanderungen sich anschlossen. So erfreuten wir uns in Reinerz der Begleitung und Unterstützung der Forst-Candidaten v. Gustedt und Riebel, des Forstbeflissenen Schendell, sowie des Forstmeisters Freiherrn von Ullmenstein zu Skalitz in Böhmen, dessen geognostische Localkenntniß mehreren der Theilnehmer von Nutzen war. In der Oberförsterei Zedlitz begleiteten uns der Forst-Referendarius v. Stünzner, der Oberförster-Candidat Cochius und der Feldjäger-Lieutenant Albert; der zweite der genannten Herren auch in einigen der später besuchten Reviere. In der Oberförsterei Scheidelwitz war der Bürgermeister von Brieg, Herr Orlowius, uns ein liebenswürdiger Gefährte.

An der hiesigen Forstakademie ist vom Oberforstmeister Danckelmann die Praxis eingeführt worden, daß bei jeder im Laufe eines Semesters ausgeführten Excursion Einer der Studierenden die Ausarbeitung eines schriftlichen Referates besorgt. Die auf solche Weise zu Stande kommenden Berichte werden einem Acten-Fascikel einverleibt und bleiben längere Zeit im akademischen Lesezimmer ausgelegt. Ebendieselbe Einrichtung ist getroffen worden für die größeren Herbst-Excursionen, und zwar in der Weise, daß für jeden der aufeinander folgenden Tage Einer der älteren Studierenden das Amt des Referenten übernimmt, mit welchem zugleich die sehr nützlichen, wenn auch mitunter etwas beschwerlichen Functionen des Cassenführers und Reisemarschalls verbunden sind.

Außer den von Studierenden der Akademie abgegebenen Tagesberichten sind seit 1869 seitens der hiesigen Docenten der Mineralogie und Geognosie, der Botanik sowie der Zoologie besondere Ausarbeitungen über die in die genannten Fächer einschlagenden Ergebnisse der Herbst-Excursionen angefertigt und den übrigen Berichten beigefügt worden.

Nach Beendigung der schlesischen Studienreise wurde nun vielfach der Wunsch geäußert, sämmtliche nach vorstehenden Principien entstandenen Berichte in geeigneter Form durch den Druck zu vervielfältigen, um auf solche Weise eine bleibende Erinnerung für die Theilnehmer zu schaffen und zugleich allen Denen, welche mit den schlesischen Wäldern und dem Boden, auf dem sie wachsen, zu thun haben, in gedrängter Fassung über die allgemeine Naturbeschaffenheit der Provinz sowie über die Besonderheiten mehrerer Forstreviere ein Material zu bieten, welches der Einzelne nur äußerst mühsam durch Privatmittheilungen von den verschiedensten Seiten und durch die Benutzung einer sehr weitschichtigen, zum Theil wenig zugänglichen Literatur sich verschaffen könnte. Dieser Gedanke fand Beifall, und es wurde dessen praktische Ausführung vom Oberförster-Candidaten Runnebaum übernommen, wobei derselbe von mehreren seiner hiesigen Collegen unterstützt worden ist.

Die dem Büchlein beigefügte geologische Uebersichtskarte eines Theiles des niederschlesischen Gebirges, welche als Ergänzung zu der Abhandlung des Prof. Remelé dient, ist nach den Angaben des

Genannten und mit Zugrundelegung der großen geologischen Karte Niederschlesiens von unserem Freunde, Herrn Bauführer D. Reimer hierselbst mit freundlichster Bereitwilligkeit gezeichnet worden.

Bezüglich der Höhenangaben in der vorangehenden geognostischen Skizze sei noch bemerkt, daß dieselben nicht immer ganz genau mit denen der Tagesberichte übereinstimmen. Dies erklärt sich dadurch, daß erstere größtentheils aus v. Dechen's Werk „Die nutzbaren Mineralien und Gebirgsarten im deutschen Reiche, Berlin 1873", welches in dieser Hinsicht wohl am zuverlässigsten ist, entnommen sind, während die betreffenden Angaben der Tagesreferenten meist auf den Mittheilungen der Revierbeamten beruhen.

Neustadt-Eberswalde, im Juni 1875.

Allgemeiner Reiseplan.

1. Tag: Von Neustadt-Eberswalde nach Berlin, und von Berlin über Frankfurt a. O. und Reibnitz nach Warmbrunn.
2. Tag: Von Warmbrunn über Agnetendorf, die Spindlerbaude und die Riesenbaude zur Schneekoppe.
3. Tag: Von der Schneekoppe über die Grenzbaude und Städtisch-Hermsdorf nach Liebau; von da durch das Rabengebirge nach Schömberg.
4. Tag: Von Schömberg über Liebenau in Böhmen nach Adersbach, und weiter nach Weckelsdorf.
5. Tag: Von Weckelsdorf über Braunau nach Wünschelburg; von dort zur Heuscheuer, und darauf nach Reinerz.
6. Tag: Von Reinerz über die Seefelder zur Hohen Mense, und zurück nach Reinerz.
7. Tag: Von Reinerz über Glatz nach Wartha, und per Eisenbahn weiter nach Breslau; demnächst von Breslau nach Ohlau.
8. Tag: Von Ohlau über Kattern in die Oderwaldungen, und zurück nach Ohlau.
9. Tag: Von Ohlau über Scheidelwitz nach Brieg.
10. Tag: Von Brieg über Oppeln nach Bahnhof Leschnitz; nach der Reviertour von Bahnhof Cosel über Oppeln nach Proskau.
11. Tag: Reviertour und Rückkehr nach Proskau.

Inhaltsverzeichniß.

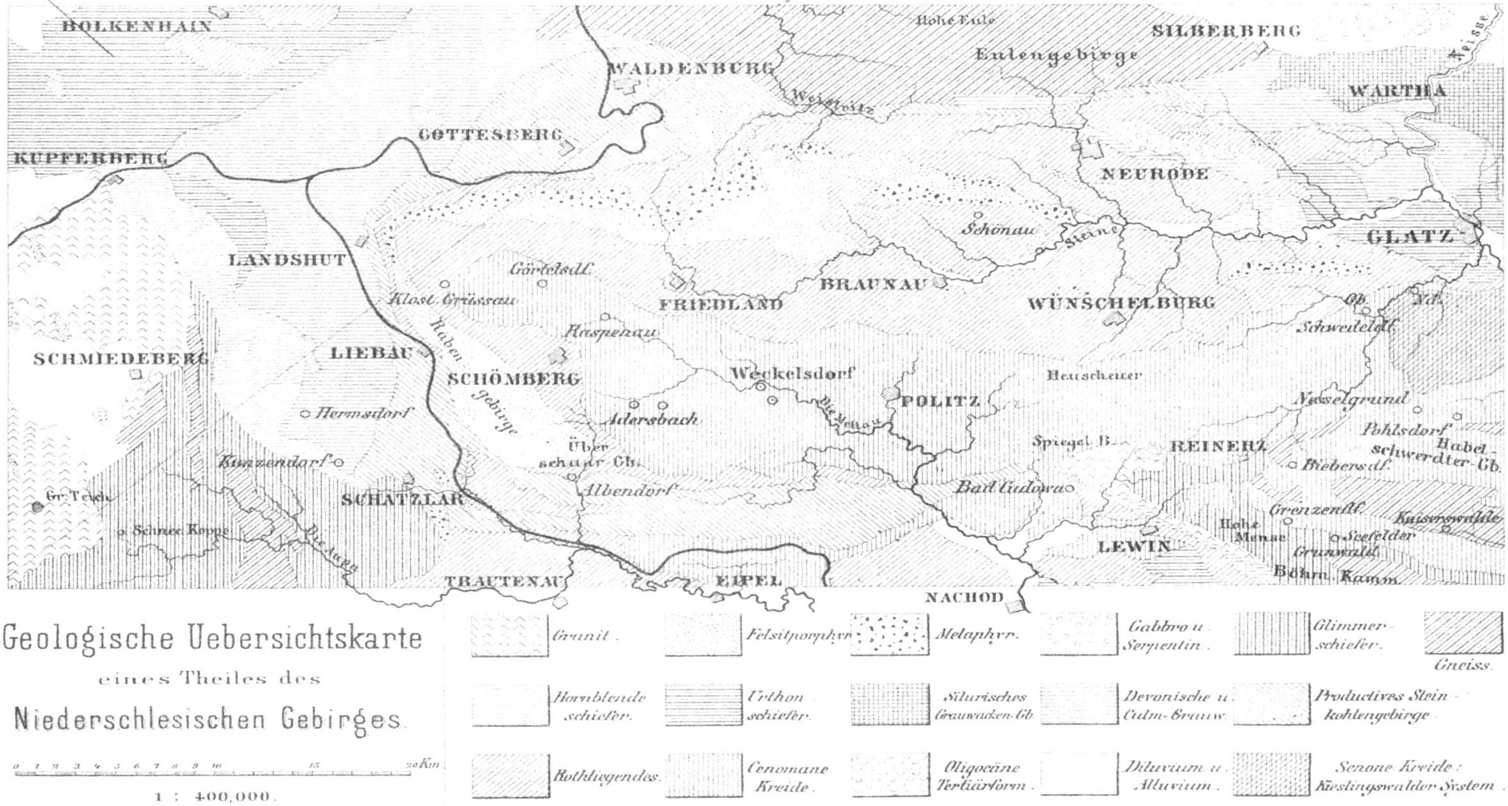

Verlagsbuchhandlung von Julius Springer in Berlin, N. Monbijouplatz 3.

Lith. Institut v. Wilh. Greve, Berlin.

Geognostische Skizze

der bei der Herbstexcursion der beiden Kgl. Forstakademien vom 17.—27. August 1874 besuchten Gegenden.

Von Prof. Dr. Remelé.

Die diesjährige Studienreise war in ihrem ersten Theile, welcher der Bereisung des niederschlesischen Gebirges galt, von hervorragendem geognostischen Interesse durch das Vorkommen mannigfacher Gesteine und Formationen in zum Theil eigenthümlicher Ausbildung und äußerer Gestaltung. Während der zweiten Hälfte der Studienreise dagegen, die dem Besuche mehrerer Gegenden in Mittel- und Oberschlesien gewidmet war, traten die forstlichen Verhältnisse durchaus in den Vordergrund, in geognostischer Hinsicht zeigte sich mehr Einförmigkeit, wenn auch einige der dortigen Gebilde zu lehrreichen Beobachtungen Anlaß gaben.

Erster Theil der Excursion: Niederschlesisches Gebirge.

Allgemeines. Das niederschlesische Gebirge umfaßt zum weitaus größten Theile, nämlich nur mit Ausschluß der beiderseitigen Enden, das Kettengebirge, welches vom Durchbruch der Elbe in der sächsischen Schweiz bis zu den schlesisch-mährischen Karpathen in der Nähe der Oderquelle sich erstreckt und in der Geographie den Gesammtnamen „die Sudeten" führt oder auch das sudetische Gebirgssystem genannt wird. Dieses Kettengebirge nimmt in der

Richtung von NW. nach SO. eine Gesammtlänge von 40 Meilen bei 4—8 Meilen Breite ein, und trennt die Lausitz und Schlesien von Böhmen und Mähren; es gehören dazu, von NW. an gerechnet, das Lausitzer Gebirge (höchster Punkt die Lausche bei Zittau, 802 Meter*), das Iser- und Riesengebirge, das Heuscheuergebirge mit der durch die Einsenkung an der Reinerz-Lewiner Straße davon getrennten Hohen Mense und dem Erlitzgebirge (aus dem Habelschwerdter Gebirge und den Böhmischen Kämmen bestehend, welche von dem Gebirgsstock der hohen Mense sich abspalten und weiterhin ziemlich parallel nach S. verlaufen), östlich davon das Eulengebirge und das Reichensteiner Gebirge (diese beiden getrennt durch den Warthaer Paß) und endlich als südöstlicher Abschluß die eigentlichen Sudeten oder das Gesenke, dessen höhere nördliche Partie der „Altvater" oder das „hohe Gesenke" ist. Man rechnet dann ferner noch zu dem genannten Kettengebirge das schlesische Mittel- oder Hochwaldgebirge, bestehend aus dem Waldenburger Gebirge (welches den gleichnamigen Kreis erfüllt) und dem Rabengebirge und Ueberschaargebirge (im südlichen Theil des Landeshuter Kreises), ein Bergland ohne besonders hervorragende Züge und Spitzen zwischen dem Bober und der Weistritz, das die Verbindung zwischen dem Riesengebirge und dem Eulengebirge herstellt, sowie das gleich noch zu erwähnende Schneeberggebirge.

Die einander zugekehrten Ränder der südöstlich des Riesengebirges und nordwestlich vom Altvater liegenden Glieder des sudetischen Gebirgssystems umschließen das die orographischen Verhältnisse Böhmens im Kleinen abspiegelnde Kesselland der Grafschaft Glatz, den sog. Glatzer Gebirgskessel, welcher ungefähr die Form eines länglichen Rechtecks von reichlich 7 Meilen Länge und durchschnittlich ca. 3 Meilen Breite hat und begrenzt ist im NW. durch das Mittelgebirge, im SW. durch das Heuscheuer- und Habelschwerdter Gebirge, im NO. durch das Eulengebirge und Reichensteiner Gebirge und im SO. durch das aus Gneiß und Glimmerschiefer bestehende Glatzer Schneeberggebirge, welches eine nicht ganz geschlossene Querwand zwischen den südlichen Ausläufern des Habelschwerdter und des Rei-

*) Sämmtliche Höhenangaben beziehen sich auf den Nullpunkt des Amsterdamer Pegels, welcher nur wenig vom Mittelstande der Nordsee abweicht.

chensteiner Gebirges bildet und stark bewaldet ist. Die höchsten Erhebungen dieses Schneeberggebirges sind der Große Schneeberg mit 1412 Meter, die Koppel auf dem Lauterbacher Kamm mit 1314 Meter und der Kleine Schneeberg mit 1269 Meter; der Wetzsteinkümmel am Grenzpunkte von Glatz, Oesterreichisch-Schlesien und Mähren hat 1093 Meter Meereshöhe. Im Schneeberggebirge berühren sich die Wassergebiete der Ostsee (Quelle der Glatzer Neiße, Nebenfluß der Oder) und des Schwarzen Meeres (Quelle der March, Nebenfluß der Donau) beinahe mit dem der Nordsee (Quelle des Stillen Adler, Nebenfluß der Elbe).

In geologischer Hinsicht ist das niederschlesische Gebirge charakterisirt durch drei große, wesentlich aus krystallinischen Schiefern und den diese durchbrechenden Alteruptivgesteinen bestehende Massen — Riesengebirge, Eulengebirge (nebst Reichensteiner Gebirge) und Sudeten im engeren Sinne —, an welche sich die Sedimentbildungen anlagern. Letztere, hauptsächlich der Kreideformation, dem Rothliegenden und dem Steinkohlengebirge angehörend, können in zwei Gruppen zerlegt werden: die eine lehnt sich, etwa in der Breite von Freiburg beginnend, an die Nordseite des Eulen- und Riesengebirges, sie bildet den äußeren Busen der Sudeten und vermittelt den Uebergang zur norddeutschen Diluvialebene; die andere erfüllt das Land zwischen Riesen-, Eulen- und Altvatergebirge und bildet den inneren, nach S. und W. geöffneten Busen der Sudeten. Obgleich diese beiden sedimentären Anhäufungen mancherlei Unterschiede darbieten, bewahren sie doch, namentlich was das Rothliegende und einen Theil der Kreideschichten anbelangt, eine gewisse Aehnlichkeit.

Auf den ersten Blick bietet sich als eine der bedeutendsten Erscheinungen in dem betrachteten Gebiet die gewaltige Granitmasse („Centralgranit des Riesengebirges") dar, welche von Reichenberg in Böhmen nach O. zu bis über Schmiedeberg sich erstreckt und die Hauptmasse des Riesengebirges mit Einschluß des Isergebirges ausmacht. Dieselbe hat das krystallinische Schiefergebirge durchbrochen, was schon darin sich kundgiebt, daß die Schichten des letzteren auf beiden Seiten davon abfallen, nämlich ein nördliches Einfallen auf der Nordseite und ein südliches auf der Südseite zeigen.

Eigenthümlich ist, daß auf der Nordseite des Riesengebirges

fast überall Gneiß, in welchem Glimmerschiefer eingelagert ist, an die Granitmasse stößt und nur nördlich von Schreiberhau der Glimmerschiefer des Schwarzen Berges auf eine verhältnißmäßig kurze Strecke die Grenze bildet; wogegen umgekehrt auf der Süd- und Ostseite Glimmerschiefer, in dem Gneißmassen vorkommen, das weitaus vorherrschende Gestein ist und bloß am Ochsenberg und bei Krummhübel unweit Schmiedeberg der Gneiß unmittelbar den Granit begrenzt. Es sei hier übrigens bemerkt, daß sich gelegentlich unserer Excursion der auf der Karte östlich der Schneekoppe (zwischen der Grenzbaude und Hermsdorf) angegebene Glimmerschiefer an zahlreichen Punkten als ein Gestein herausgestellt hat, welches durch Aufnahme von Orthoklas die deutlichsten Uebergänge in Gneiß zeigt. Auf den Gneiß der Nordseite wie auf den Glimmerschiefer der Ostseite lagert sich Urthonschiefer („Thonschiefer und grüne Schiefer"); ein Theil dieser Gebirgsmasse ist jedenfalls (wie schon die Auffindung von Graptolithen bei Lauban und das Vorkommen von ächten Kieselschiefern beweist) sedimentären Ursprungs, in wie weit dies aber der Fall und wie viel von diesen Schiefergesteinen als ächte krystallinische Schieferbildung zu betrachten, ist noch nicht genau festgestellt. Daß übrigens zwischen dem Gneiß und dem Urthonschiefer der Nordseite auch Glimmerschiefer lagert, steht fest; jedoch ist letzterer nur ganz vereinzelt aufgeschlossen, weil er von sehr geringer Mächtigkeit und größtentheils von jüngeren Bildungen bedeckt ist.

Literatur. Das Hauptwerk für die Geognosie Niederschlesiens ist die geologische Karte des Niederschlesischen Gebirges in 9 Blättern (Maßstab 1: 100,000) von E. Beyrich, G. Rose, J. Roth und W. Runge, nebst den dazu gehörigen Erläuterungen, herausgegeben von J. Roth (Berlin 1867).

Zur Information über die Mineral-Vorkommnisse Schlesiens sind zu empfehlen:

H. Fiedler, die Mineralien Schlesiens &c., Breslau bei Leuckart 1863.

Ferd. Römer, das mineralogische Museum der Kgl. Universität Breslau, Breslau 1868, S. 103—131 (Beschreibung der ausgezeichneten schlesischen Abtheilung der dortigen mineralogischen und geognostischen Sammlungen).

Ueber die geographischen Verhältnisse, Reiserouten ꝛc. findet man in dem empfehlenswerthen Reisehandbüchlein „Wegweiser durch das Riesengebirge und die Grafschaft Glatz" von D. Letzner hinreichende Auskunft.

Erster Tag. Auf der schlesischen Gebirgsbahn wurde, nachdem vorher nur jüngere Sedimentbildungen zu Sicht gekommen waren, bei Greifenberg die Gneißregion nördlich des Riesengebirges erreicht. Einige der in der Umgegend dieser Stadt erscheinenden Basalterhebungen des Queisthales, welche den Gneiß durchbrechen, konnten während der Fahrt wahrgenommen werden, so namentlich der von einer Burgruine gekrönte Greifenstein südlich von Greifenberg. Reibnitz, der Endpunkt der Eisenbahn, liegt noch auf dem Gneiß. In unmittelbarer Nähe befindet sich der Popelberg, welcher aus einem vom Riesengebirgsgranit verschiedenen Granit, G. Rose's eigentlichem Granit, besteht, der durch vorherrschenden weißen Orthoklas, spärlichen weißen Oligoklas, braunen Magnesiaglimmer und etwas weißen Kaliglimmer neben zum Theil größeren Quarzkörnern ausgezeichnet ist. Dieses Gestein tritt im Riesengebirge ziemlich vereinzelt auf; es giebt eine lehmähnliche Verwitterungskrume, die mehrfach zur Ziegelfabrikation verwandt wird. Auch hier zeigt sich die häufig wahrzunehmende Erscheinung, daß der dunkle Glimmer bei der Zersetzung fast verschwindet, während der weiße nur mechanisch zerstört werden kann.

Der Weg von Reibnitz nach Warmbrunn führt über den Gneiß, eine Einlagerung des Glimmerschiefers in letzterem und an zwei kleineren Massen des Riesengebirgsgranits vorbei. Warmbrunn selbst liegt auf einer diluvialen Ablagerung an einem Zufluß des Bober. Ueber das Diluvium in Niederschlesien sei bemerkt, daß dasselbe auf der Nordseite und am Ostrande des Gebirges mit dem der norddeutschen Ebene zusammenhängt, während es im Süden von letzterem verschieden ist; an einzelnen Punkten der Provinz, z. B. bei Waldenburg, steigt es zu ziemlich bedeutender Höhe an. Seine Schichten, zumeist aus Sand und Lehm bestehend, führen reichlich Geschiebe, die im Norden und Osten großentheils nordischen Ursprungs sind; an manchen Punkten finden sich häufige Basaltgeschiebe, welche aus der nächsten Umgebung stammen und mineralogisch mit den anstehenden schlesischen Basalten übereinstimmen; nicht selten trifft man auch fossiles Holz und Bernstein.

In Warmbrunn sind schwefelhaltige (schwach nach Schwefelwasserstoff riechende) Thermalquellen von ca. 36° C. aufgeschlossen, welche nach den Untersuchungen von Prof. Fischer in Breslau (aus den Jahren 1836 und 1839) hauptsächlich schwefelsaures Natron, sodann kohlensaures Natron, Chlornatrium und Kieselsäure enthalten.

Zweiter Tag. In Hermsdorf, nahe bei Warmbrunn, wurde die große Granitpartie des Riesengebirges erreicht, auf welcher sodann die Excursion sich fast den ganzen Tag über bewegte. Der die Hauptmasse des Riesengebirges ausmachende Granit ist von G. Rose als eine besondere Varietät unter dem Namen Granitit unterschieden worden. Derselbe zeichnet sich aus durch vorherrschenden schön fleischrothen Orthoklas und reichlichen, graulich- bis gelblichweißen Oligoklas neben grauweißem bis rauchgrauem Quarz, der an Menge dem Orthoklas sehr nachsteht, und dunkel grünlichschwarzem Magnesiaglimmer, welcher in kleinster Menge vorhanden ist. Der Orthoklas erscheint in großen Krystallen oder krystallinischen Körnern; erstere sind theils einfache, theils Zwillingskrystalle nach dem Carlsbader und besonders nach dem Bavenoer Gesetz und werden an mehreren Punkten (z. B. bei Schreiberhau, Seidorf, Agnetendorf) bis 3 Zoll lang gefunden. Der Oligoklas zeigt sehr gewöhnlich die charakteristische Zwillingsstreifung; mitunter ist er mit dem Orthoklas verwachsen und bildet dann eine weiße Hülle um den zuerst krystallisirten Orthoklas; selten ist gegen letzteren (wie bei Krummhübel) der Oligoklas überwiegend.

Es liegen zwei Analysen des Riesengebirgsgranits vor.

	Granitit der Kleinen Sturmhaube (Streng).	Granitit von Warmbrunn (Thaer).
Kieselsäure	76,02	70,09
Thonerde	12,71	15,44
Eisenoxyd	—	6,13
Eisenoxydul	1,25	—
Manganoxydul	0,31	Spur
Kalk	1,20	1,20
Magnesia	0,14	Spur

	Granitit der Kleinen Sturmhaube (Streng).	Granitit von Warmbrunn (Thaer).
Kali	4,90	4,19
Natron	2,44	3,27
Wasser	0,48	—
	99,45	100,32.

Accessorisch finden sich im Granit grünlichschwarze Hornblende, faseriger Pistazit rc. Das Gestein ist meist von regellos-körniger Textur, doch zeigt es mitunter auch porphyrartige Ausbildung; eine Abänderung der letzteren Art wurde bei der Excursion unweit des Großen Teiches angetroffen.

Bei der Verwitterung liefert der Granitit einen grandig-thonigen Boden. Der Oligoklas giebt dabei vor Allem die thonigen Bestandtheile, während die grandigen hauptsächlich von dem in groben Körnern ausgebildeten und schwerer zersetzbaren Orthoklas herrühren.

Mehrfach wird der Riesengebirgsgranit durchsetzt von Gängen eines feinkörnigen Granits, welcher mancherlei accessorische Mineralien enthält. Besonders aber zeigen sich in demselben Gänge von Felsitporphyr, welche im Allgemeinen von NO. nach SW. streichen und großentheils eine bedeutende Längenerstreckung sowie namhafte Mächtigkeit besitzen; ein ausgezeichneter Gang dieser Art läßt sich, eine kurze Unterbrechung abgerechnet, von Hermsdorf am Kynast bis zu den Schneegruben verfolgen. Interessant ist ferner das Auftreten eines Basaltganges in der westlichen Wand der Kleinen Schneegrube.

Folgende Angaben über die Meereshöhe einiger der hervorragendsten Punkte auf dem Kamm des Riesengebirges mögen hier Platz finden: Reifträger 1424 Meter, das Hohe Rad 1515 Meter, Gr. Sturmhaube 1482 Met., Silberberg 1553 Met., Brunnenberg (Glimmerschiefer) 1545 Met., Koppenplan 1434 Met.*)

Auf der Hochebene des Koppenplans, nahe der Riesenbaude, wurde die Grenze des Granits erreicht und der Glimmerschiefer betreten, aus welchem die Schneekoppe besteht. Dieselbe ist mit

*) Auf der Westseite des Riesengebirges, im Isergebirge, ist die Tafelfichte bei Neustadtl (Gneiß) der höchste Gipfel mit 1111 Meter.

1624 Met. der höchste Punkt Deutschlands mit Ausschluß der südbayerischen Alpen.

Das Einfallen des Glimmerschiefers auf der Südseite des Centralgranits ist südlich und südöstlich, d. h. er zeigt, wie schon oben bemerkt, ein deutliches Abfallen vom Granit. Dieser Glimmerschiefer, wie er an der Koppe, am Ziegenrücken ꝛc. auftritt, stimmt in seiner Beschaffenheit wesentlich überein mit dem des Schwarzen Berges bei Schreiberhau. Er besteht aus kleinschuppigem tombakbraunem Glimmer und gelblichweißem Quarz, die manchmal zu einer scheinbar homogenen schwärzlichgrünen Masse zusammenfließen; durch beginnende Zersetzung wird der Glimmer schmutzig graugrün. Im Glimmerschiefer finden sich an einzelnen Orten körniger Kalkstein, Quarzschiefer und Hornblendeschiefer eingelagert.

Dritter Tag. Der Weg von der Koppe abwärts in östlicher Richtung zeigte zunächst den Glimmerschiefer allenthalben an der Oberfläche anstehend. Das Gestein erwies sich durchweg reich an Magnesiaglimmer von dunkelbrauner oder schmutziggrüner Farbe. Ganz ähnliche Glimmerschiefer wurden auf der Herbstexcursion des Jahres 1872 im sächsischen Erzgebirge (Forstrevier Hermsdorf) angetroffen, und es zeigte sich dort ein recht guter Boden für Fichten und Buchen. An der Koppe wird jedoch die Zersetzung des Gesteins durch die niedrige Temperatur wesentlich beeinträchtigt, und so erklärt sich die Bedeckung des Koppenkegels und seiner nächsten Umgebung mit einer Unzahl großer Glimmerschieferblöcke. Auch Quarzschiefer wurde vereinzelt gefunden.

Die Schwarze Koppe (1317 Met.), östlich von der Schneekoppe, in deren Nähe unser Weg vorbeiführte, wird gleichfalls von Glimmerschiefer gebildet.

Ebendasselbe Schiefergestein begegnete uns in den von der Excursion berührten Theilen des Hofkammerreviers Arnsberg, dessen Bestände nach Angabe des Reviervervwalters zu $^1/_3$ auf Glimmerschiefer und zu $^2/_3$ auf Granit stehen sollen. Der ächte Granit des Reviers, welcher mit dem Riesengebirgsgranit identisch ist, wurde jedoch von uns nicht beobachtet, er befindet sich weiter nördlich in der Gegend von Schmiedeberg.

Dagegen ist zu bemerken, daß in diesem Bezirke bedeutende

Gneißmassen inmitten des Glimmerschiefers auftreten, und diesem Gneiß, den wir an einer Stelle zu beobachten Gelegenheit hatten, gehört gewiß ein großer Theil der hier als Granit bezeichneten Gesteine an. In der That besitzt der betreffende Gneiß, wie er am Ochsenberg, am Kuhberg sowie am Schmiedeberger Kamm und in dessen südlicher Verlängerung sich zeigt, meist ein granitähnliches Aussehen, indem er grobkörnig, dabei grob und zugleich undeutlich geflasert ist, so daß man ihn selbst „Gneißgranit" genannt hat. Am Ochsenberg und benachbarten Punkten besteht er aus gelblichweißem Feldspath, hellgrauem Quarz und schwarzem Glimmer.

In dem Privatforstrevier Hermsdorf, welches hierauf durchwandert wurde, zeigen sich die Gneißeinlagerungen im Glimmerschiefer mächtig entwickelt. Vom Gneiß wurden folgende Abänderungen beobachtet: a) feldspathreicher Gneiß mit viel röthlichem Orthoklas sowie auch Oligoklas führend, arm an Quarz und Glimmer, leicht zersetzbar; b) quarzreicher Gneiß mit wenig Orthoklas und Glimmer, schwer verwitterbar; c) glimmerreicher Gneiß, in Glimmerschiefer übergehend, ganz vorwiegend aus Magnesiaglimmer vom Aussehen desjenigen von der Schneekoppe bestehend, Orthoklas mehr oder weniger spärlich vorhanden. Der Glimmerschiefer übrigens, welcher nach der geologischen Karte in dieser Gegend sehr verbreitet ist, wurde hier nirgends völlig orthoklasfrei gefunden.

Unweit Städtisch-Hermsdorf sowie in letzterem Orte selbst bot sich im Vorbeigehen Gelegenheit, den von Kupferberg bis Kunzendorf sich erstreckenden Hornblendeschiefer zu beobachten, welcher zwischen dem Glimmerschiefergebirge und der gleich zu erwähnenden Grauwacke abgelagert ist. Das Gestein ist hier jedoch wenig bloßgelegt. Die gefundenen Stücke zeigten den Charakter eines Glimmerhornblendeschiefers, in dem schwarze, ziemlich feinschuppige Hornblende, gemengt mit etwas dunkelgelbem Glimmer, bedeutend vorwaltet; durchzogen wird die im Uebrigen fast gleichmäßig schwarze Gesteinsmasse von zahlreichen dünnen weißen Lagen, welche aus Quarz und Feldspath bestehen, untereinander vollkommen parallel sind und eine ausgeprägt gebänderte Textur neben deutlicher Schieferung bedingen.

Der Weg von Hermsdorf nach Liebau führte sodann über eine

Grauwackenbildung vom Alter des Kohlenkalks (also Culmgrauwacke), welche mit dem südlich und östlich davon sich anschließenden produktiven Kohlengebirge von Schatzlar in Zusammenhang steht. Die angetroffene Grauwacke zeigte eine grobconglomeratische Textur, und enthielt hauptsächlich Brocken von Quarz und von Glimmerschiefer.

Die zweite Hälfte des nämlichen Tages war dem Besuche der auf dem Rabengebirge liegenden Theile der Oberförsterei Grüssau gewidmet. Dieses Gebirge gehört zu der im Rothliegenden der Waldenburger Gegend durchgebrochenen Felsitporphyr-Masse, welche bis auf eine geringe Unterbrechung im N. bei Zieder sich auf einer spitzen Bogenlinie von Albendorf bis Neurode verfolgen läßt. Ueberwiegend ist hier, gleichwie im benachbarten Steinkohlengebirge, ein Felsitporphyr mit sehr wenigen größeren Krystallen, der ohne Vermittlung in sehr krystallreiche Varietäten übergeht. Die krystallarme Abänderung wurde besonders in den westlichen und südlichen Theilen des von der Excursion berührten Gebietes, die krystallreiche am Osthang des Gebirges angetroffen. Die erstere enthält in meist rother felsitischer Grundmasse sparsame Orthoklase und seltene Quarzkrystalle, sie ist, z. Th. in Folge der compacten Gesteinsbeschaffenheit, schwerer zersetzbar und giebt daher einen zwar thonigen, aber zugleich sehr steinigen Boden. In den krystallreicheren Varietäten stellt sich auch Oligoklas ein, der oft durch seinen verwitterten Zustand vom glasglänzenden Orthoklas zu unterscheiden ist.

Von petrographischen und mineralogischen Besonderheiten dieses Porphyrgebirges seien hier noch folgende erwähnt:

1. Bandporphyr, mit gestreifter Textur. Derselbe ist ausgezeichnet durch meist dünne, oft wellig gebogene oder fein gekräuselte Lagen von dunkelrother Färbung, die zufolge eines größeren Quarzgehaltes der Zersetzung besser widerstehen konnten; zwischen ihnen befindet sich eine röthlich graue, partiell zersetzte Feldspathmasse, in welcher, wie dies bei den Bandporphyren gewöhnlich der Fall ist, Einsprenglinge fehlen. Diese Varietät des Felsitporphyrs wurde von uns unweit des Gotschen angetroffen; weit schöner kommt sie jedoch bei Ullersdorf vor, wo das Gestein durch vielgestaltigen Verlauf

der bandartigen dunklen Parallelstreifen eine oft sehr hübsche Zeichnung darbietet.

2. Cavernöser Felsitporphyr von Ullersdorf. Die zahlreich vorhandenen Hohlräume von rundlicher, linsenförmiger oder länglicher Gestalt sind mit kleinen Quarzkrystallen bekleidet.

3. Bergkrystalldrusen in zersetztem Porphyr vom Scholzenberg bei Ullersdorf. Die Krystalle zeigen sehr schön ausgebildet eine nicht gerade häufige Form: Combination des Grundrhomboëders und der hexagonalen Säule mit ganz zurücktretenden Flächen des Gegenrhomboëders.

Im Rabengebirge sind die höchsten Punkte der Spitzberg bei Liebau mit 876 Met. und der Gotschen mit 824 Met. Als Ueberschaargebirge bezeichnet man hierorts den südlichen Abschluß des Rabengebirges, eine kleine Gebirgspartie in der Gegend von Potschendorf und Albendorf, welche bereits dem Rothliegenden angehört.

Die Grenze zwischen dem Felsitporphyr und dem Rothliegenden wurde von uns auf der Ostseite des Rabengebirges, bei Blasdorf, erreicht. Der Weg von dort nach Schömberg, welcher nur über Rothliegendes führt, wurde in der Dunkelheit zurückgelegt.

Vierter Tag. Am 20. August sowie auch am folgenden Tage wurden bloß sedimentäre Formationsglieder beobachtet, welche dem sog. inneren Busen der Sudeten angehören. Zum Zwecke des Besuches des zweiten Haupttheils der Oberförsterei Grüssau, welcher auf cenomanen Kreidegesteinen sich befindet, wurde der Weg von Schömberg auf Görtelsdorf zu bis in die Nähe des Fuchsberges verfolgt. Die Bodenunterlage in der Gegend von Schömberg gehört dem Rothliegenden an. Da diese Formation auch späterhin noch einige Male angetroffen wurde, so sei hier die Gliederung des Rothliegenden in den von uns besuchten Gegenden Niederschlesiens angegeben, wie sie durch die geologische Aufnahme sich herausgestellt hat. Die Reihenfolge der Schichten, von unten beginnend, ist folgende:

A. Untere Abtheilung.

1. Untere Conglomerate,

welche das Kohlengebirge, beziehungsweise die krystallinischen Schiefer unmittelbar überlagern. Vorwiegend ist hier ein sehr grobes Conglomerat mit häufig fußgroßen, selbst bis 3 oder 4 Fuß dicken Geröllen von härteren Gesteinen, namentlich Quarzfels und Quarzschiefer, welche aus dem krystallinischen Schiefergebirge herstammen.

2. Untere thonig-sandige Gesteine.

Diese Etage tritt am mächtigsten auf. Sie wird gebildet von rothgrauen, mitunter auch weißen, conglomeratfreien und thonigen Sandsteinen und von Schieferletten. Es kommen darin mehrere Züge vor von dunkeln bituminösen Schiefern (Brandschiefern) und dünngeschichtetem grauem oder röthlichem Kalkstein (Ruppersdorfer Kalkstein). Die Brandschieferflötze sind an vielen Stellen kupfererzhaltig und enthalten zahlreiche Pflanzenüberreste sowie auch Fischabdrücke.

B. Obere Abtheilung.

3. Obere Conglomerate.

Dieselben bestehen aus einer mächtigen Ablagerung von Porphyrconglomeraten. In dem westlich von Friedland liegenden Zuge finden sich darin zahlreiche Gerölle von Porphyren eingeschlossen, die man anstehend nicht kennt.

4. Obere thonig-sandige Gesteine.

Es sind dies wesentlich conglomeratfreie rothe Sandsteine und Schieferletten, in welchen ein weit ausgedehntes Lager von Kalkstein, Dolomit oder kalkigem Sandstein ohne organische Ueberreste sich vorfindet. Im Allgemeinen tritt diese Etage in geringerer Ausbreitung an die Oberfläche, bloß in der Gegend von Trautenau in Böhmen nimmt sie einen größeren Flächenraum ein.

Auf dem zuletzt genannten Formationsgliede liegt nun Schömberg, und ebenso besteht daraus das zwischen dieser Stadt und der östlich davon anstehenden Kreideformation sich erstreckende Terrain. Das obere Rothliegende zeigt hier durchweg die charakteristische, von Eisenoxyd herrührende rothe Färbung und auch die Bodenkrume ist lebhaft röthlich gefärbt. Das demselben an dieser Stelle aufliegende Kreidegebirge ist die jüngste Ablagerung im sogenannten Waldenburger Busen.

Was die Kreideformation überhaupt in Niederschlesien und dessen nächster Umgebung anbelangt, so läßt dieselbe sich folgendermaßen eintheilen:

A. **Kreideablagerungen nördlich des Riesengebirges** bei Loewenberg, Goldberg 2c., sowie in der Lähner Mulde.

Sämmtliche Etagen der oberen Kreideformation, also die Cenoman-, Turon- und Senonbildung, sind hier bekannt, die beiden ersten jedoch wenig ausgebildet. Von den auf der Südseite des Riesengebirges auftretenden Cenomanschichten ist hier nur der untere Cenomanquader vorhanden; das auf der Südseite fehlende Turon ist vertreten durch einen mergeligen Plänerkalkstein. Dagegen zeigt auf der Nordseite das Senon eine reichere Entwicklung: es enthält Thon, thonige Sandsteine und zwei Ablagerungen von Quadersandsteinen.

B. **Kreideablagerungen südlich und südöstlich vom Riesengebirge.**

Es sind hier zwei Hauptterritorien zu unterscheiden:

1. ein westliches, welches mit seiner Ostgrenze an die Westabhänge des Erlitzgebirges anstößt und einen namhaften Theil von Böhmen einnimmt;

2. ein östliches von länglicher Form und schmal, welches von Kloster Grüssau bei Landeshut bis nach Schildberg in Mähren sich erstreckt, 14 geograph. Meilen lang und nirgends über $1^1/_2$ Meile breit ist; es gehört dazu das Heuscheuergebirge.

Diese beiden Sedimentgebilde werden im S. durch krystallinische Schiefer und die zugehörigen Eruptivgesteine, im N. durch Steinkohlengebirge und Rothliegendes voneinander getrennt, und diese nämlichen Gebirgsmassen sind es auch, welche ihre Ablagerungsbasis ausmachen. Unzweifelhaft jedoch wurden die westliche und die östliche Hauptablagerung beide in einem und demselben Meeresbecken abgesetzt. Sie stehen in räumlichen Zusammenhang (bei Cudowa berühren sie sich unmittelbar auf einer kurzen Strecke) und sind ein Theil des ausgedehnten sächsisch-böhmischen Kreideterritoriums, dagegen sind sie in der Entwicklung der einzelnen Glieder wesentlich verschieden von der Kreide nördlich des Riesengebirges.

Die Kreideschichten auf der Süd- und Ostseite des Riesengebirges gehören mit Ausnahme derjenigen, welche weiter südlich im Neißethal das sog. „Kieslingswalder System"*) ausmachen, sämmtlich der cenomanen Etage an. Die einzelnen Schichten des Cenoman sind hier folgende:

1. Unterer Cenomanquader.

Dieser Sandstein enthält in seinen liegendsten Schichten viele gröbere Quarzstücke, so daß er grandig oder selbst conglomeratisch wird; spärlicher finden sich Thonschieferbrocken und noch seltener Melaphyrfragmente. Die höheren Partien sind dagegen feinkörnig, und zerfallen theilweise leicht zu einem gleichmäßigen Sand; an anderen Stellen, wo die Quarzkörner durch Brauneisenerz verkittet sind, widerstehen sie besser der Verwitterung.

2. Plänersandstein oder Rauhstein.

Man bezeichnet mit diesem Namen eine Ablagerung von schmutzig bläulichgrauen, an der Luft gelblich werdenden thonigen oder thonigkieseligen Sandsteinen, welche zugleich einen ziemlich erheblichen Kalkgehalt besitzen. Dieselben sind von sehr feinkörniger Beschaffenheit oder selbst vom Aussehen eines dichten Gesteins.

3. Cenomanpläner oder Blaustein.

Dieses Gebilde, in der geologischen Beschreibung von Niederschlesien auch unter der Bezeichnung „plänerartige Gesteine" aufgeführt, ist ein blaugrauer, auf frischem Bruch etwas schimmernder thoniger Kalkstein, welcher an mehreren Orten zahlreiche Eisenkiesnieren enthält. Durch den Einfluß der Atmosphärilien verliert das Gestein stellenweise einen Theil seines Kalkgehaltes, wird dabei matt und hellfarbig und bekommt das Aussehen eines sehr feinkörnigen thonigen Sandsteins, ähnlich dem des vorerwähnten Plänersandsteins.

---

*) Das Kieslingswalder System, welches von Beyrich als besondere Gruppe aufgestellt und nach seinem Auftreten in der Gegend um Kieslingswalde bei Habelschwerdt benannt worden ist, ist ein jüngeres, vielleicht ganz senones Kreidegebilde. Dasselbe besteht aus einer unteren, im Allgemeinen mehr thonigen Ablagerung, dem Kieslingswalder Thon mit häufigen Einschlüssen von Thoneisenstein-Ellipsoïden, und einer oberen Abtheilung, dem glimmerhaltigen, mehr oder weniger thonigen Kieslingswalder Sandstein.

4. Oberer Cenomanquader.

Theilweise stimmt dieser Sandstein petrographisch überein mit einzelnen Schichten des unteren cenomanen Quaders, meist jedoch kann er von letzterem schon am Aeußeren unterschieden werden. Der obere Quader ist gewöhnlich mittel- bis grobkörnig, das Bindemittel manchmal thonig, oft auch eisenhaltig. Viele Abänderungen (wie z. B. an den meisten Stellen der Adersbacher Felspartie) sind mürbe und zerfallen leicht, andere wieder besitzen eine größere Festigkeit. An manchen Punkten enthält dieses Gestein zahlreiche Ueberreste einer fossilen Auster, Exogyra columba.

Uebrigens bildet der obere Cenomanquader keinen ganz constanten Horizont in den Kreideablagerungen. In einem Theile der letzteren, und zwar namentlich in der von uns besuchten Partie zwischen Schömberg und Friedland sowie weiter südlich bis über Weckelsdorf hinaus, sind die sub 1—4 angeführten Schichten in regelmäßiger Aufeinanderfolge abgesetzt. Der obere Quader schließt hier die Cenomanbildung ab, seine Massen erheben sich in Form einzelner Gebirgsinseln, als deren ausgezeichnetste das Adersbach-Weckelsdorfer Felsgebilde zu bezeichnen ist, auf der Unterlage des Cenomanpläners oder auch, wo dieser verschwindet, auf dem Plänersandstein. Südlich der Heuscheuer dagegen, auf der Ostseite des Erlitzgebirges, erscheint der obere Quader etwa von Rosenthal über Ober-Langenau bis jenseit Reinerz als mächtige Einlagerung in dem hier breiter entwickelten Cenomanpläner; die Gesteinsfolge ist hier: zu unterst Plänersandstein, darüber Cenomanpläner, dann der obere Quader in bedeutender Mächtigkeit und über diesem wiederum cenomaner Pläner. Anders wieder sind die Verhältnisse in der westlichen Hauptablagerung der Kreideformation auf der Südseite des Riesengebirges, um Liebenau und Turnau; hier kommt der obere Cenomanquader (mit Exogyra columba) theils eingelagert im Plänersandstein, theils über demselben ausgebreitet vor. Eine Wechsellagerung dieser beiden Sedimente wurde von uns übrigens auch an der Heuscheuer constatirt. —

Kehren wir nunmehr zu den Beobachtungen des vierten Excursionstages selbst zurück. Das auf dem Rothliegenden ruhende Kreidegebirge macht sich im nördlichen Theile des Grüssau-Schildberger Territoriums sofort dadurch bemerklich, daß die jüngere Formation sich mit schroffer Steigung auf ihrer Unterlage erhebt. Sowohl am 20. August auf der Westseite dieser Kreideablagerung, als auch auf ihrer Ostseite am nächstfolgenden Tage wurde diese Erscheinung von uns allenthalben wahrgenommen. Die ältesten Schichten, welche zumeist von dem vorzugsweise im Norden entwickelten unteren Quader gebildet werden, treten nur an den Außenrändern hervor, von deren Rücken aus die sich nach innen anschließenden Massen des Plänersandsteins und weiterhin des Cenomanpläners im Allgemeinen eine sanfte Senkung nach der Mitte zu zeigen; die ganze Ablagerung hat somit die Form einer wohlausgeprägten Mulde, inmitten welcher sich die größeren oder kleineren Gebirgsinseln des oberen Cenomanquaders über den beiden zuletzt genannten Gesteinen erheben. Die Bestände der Oberförsterei Grüssau auf der Ostseite von Schömberg beginnen unmittelbar mit dem Auftreten der Kreideformation.

Das erste beim Betreten des Reviers angetroffene Gestein war, dem eben Gesagten entsprechend, der untere Cenomanquader, welcher hier ein ostwärts ansteigendes Terrain ausmacht. Die liegende Partie desselben erwies sich als ein äußerst grobkörniger, stellenweise geradezu conglomeratischer Sandstein mit zahlreichen groben Quarzbrocken. An und für sich giebt letzterer einen mittelmäßigen, etwas eisenhaltigen Boden, der jedoch durch die Beimengung herabgerollter Stücke des höher anstehenden Plänersandsteins aufgebessert wird. Es folgten sodann die hangenderen Schichten des unteren Quaders; hier ist der Sandstein mittel- bis feinkörnig, meist etwas mürbe und ziemlich leicht zerbröckelnd, das Bindemittel großentheils reich an bräunlichgelbem Eisenoxydhydrat und etwas thonhaltig. Der Boden ist besser, und ihm kommt noch mehr der Kalk- und Thongehalt des überlagernden Plänersandsteins zu Gute.

In einem Steinbruch wenig westlich von Schweinberg wurde die Grenze zwischen dem unteren Quader und dem Plänersandstein beobachtet. Einzelne in der oberen Partie des unteren Quaders häufig vorkommende Versteinerungen zeigten sich an dieser Stelle in sehr großer Zahl: Steinkerne und Abdrücke von Conchiferen, namentlich von Exogyra columba und von Cardium Hillanum. Stücke des nämlichen Sandsteins mit einer fossilen Feilenmuschel (Lima aequicostata) und mit Pecten asper schenkte Hr. Oberförster von Schleinitz zugleich mit anderen interessanten Vorkommnissen seines Reviers.

Indem die Wanderung hiernach zum Schweinberg und zur Weißgalle führte, gelangten wir in das Gebiet des Plänersandsteins. Diese Gebirgsart, die übrigens so feinkörnig ist, daß sie oft kaum noch wie ein Sandstein aussieht und eher gewissen Thonen oder Mergeln gleicht, findet sich an der Oberfläche nur selten unzersetzt. Im frischen Zustande ist sie dunkel bläulichgrau, durch die Einwirkung der Atmosphärilien wird sie gelblich; es wird dabei besonders der kohlensaure Kalk weggeführt, so daß das Gestein nahe der Bodenoberfläche oft gar nicht mehr mit Säuren braust. Bei manchen Stücken war die von oben fortschreitende Zersetzung an der verschiedenen Färbung sehr deutlich zu erkennen, andere waren auch streifig gefleckt, indem einzelne Lagen, in die das Wasser leichter hatte eindringen können, eingreifender verändert waren.

An den westlichen und südlichen Abhängen der Streit, deren Spitze noch aus Plänersandstein besteht, wurde demnächst neben letzterem wieder die obere Partie des unteren Quaders vorgefunden; die hier anstehenden Abänderungen des Quadersandsteins waren theils von grauer Färbung und sehr fest, theils waren sie eisenschüssig und glichen vollkommen dem früheren Vorkommen in und bei dem vorerwähnten Steinbruch, enthielten auch Lima-Ueberreste.

Der untere Quader machte jedoch alsbald am Grünen Berg oder Wachenberg, dem höchsten Punkte des bei Liebenau an der böhmischen Grenze gelegenen Reviertheils, dem Plänersandstein wieder Platz. Diese zwischen Raspenau und Liebenau gelegene Erhebung müßte nach der geologischen Karte ganz aus dem unteren Quader bestehen, was als ein Irrthum zu bezeichnen ist. Am Südwesthang des Grünen Bergs, nach Liebenau zu, kam jedoch die hangende Partie des unteren Cenomanquaders von neuem zum Vorschein, und hielt nun vor bis zum genannten Dorfe. Besonders gut war sie bloßgelegt in einem kurz vor Liebenau*) auf böhmischem Gebiet gelegenen Steinbruch, dessen Besichtigung in mehrfacher Hinsicht instructiv war. Obwohl immer noch eisenschüssig und etwas thonig, war

*) Dieser Ort ist nicht zu verwechseln mit dem oben S. 15 genannten Städtchen Liebenau in Böhmen.

das Gestein dort bei feinerem Korn ziemlich fest und zeigte recht schön die den Quadersandsteinen eigenthümliche quader- und pfeilerförmige Absonderung; in der ca. 1 Meter mächtigen Verwitterungskrume, deren nach unten fortschreitender Zersetzungszustand sich durch das verschiedene Aussehen einer Reihe ziemlich horizontaler Lagen zu erkennen gab, waren unter einer Einsenkung des Bodens Thon und kohlensaurer Kalk, herrührend von der Auswaschung des aufliegenden Plänersandsteins, in Streifen und Nestern eingelagert. Das Gestein selbst enthielt die nämlichen Petrefacten wie der in dem Steinbruch am Schweinberg anstehende untere Quader, besonders zahlreiche kleine Exogyren.

Der Weg von Liebenau nach Adersbach führte über den Plänersandstein, und dann wurde in Adersbach selbst zuerst der Cenomanpläner anstehend gefunden. Seine petrographischen Merkmale stimmten mit den obigen Angaben überein: es war ein blaugrauer thoniger Kalkstein, hier und da sehr kleine Kalkspathlamellen enthaltend und auf den etwas splitterigen Bruchflächen schimmernd, wodurch er sich noch am deutlichsten von frischen Stücken des Plänersandsteins, die stets matter aussehen, unterscheidet, während diese beiden Felsarten, wenn sie durch die Tagewasser schon verändert sind, einander sehr ähnlich sehen. Uebrigens braust der Plänerkalkstein im frischen Zustande auch stärker mit Säuren.

Es wurde hiernach das berühmte Adersbacher Felsenlabyrinth besucht. Diese Gebirgspartie besteht nebst der mit ihr unmittelbar zusammenhangenden von Weckelsdorf aus einer dem Pläner aufgelagerten Masse des oberen cenomanen Quadersandsteins, welcher hier mittel- bis grobkörnig, meist etwas eisenschüssig und von lockerem Zusammenhang ist. Die Bildung der dortigen höchst malerischen Felsformen, welche gewissen Gebilden im Quadersandsteingebiet der sächsischen Schweiz ähnlich sind, ist auf die quer gegen die Schichtflächen gerichtete Zerklüftung des Quaders zurückzuführen. Die von oben eindringenden oder an den Wänden abwärts fließenden atmosphärischen Wasser haben diese Klüfte nach der Tiefe zu allmählich erweitert und so, unter Wegführung des abgelösten Sandes, eine endlose Zahl merkwürdiger, oft nur wenig voneinander abstehender und vielfach weit über 30 Meter hoher Felsgestalten geschaffen, denen eine mitunter etwas kühne Phantasie allerlei Namen beigelegt hat;

z. B. der „umgekehrte Zuckerhut“, der „Wartthurm“, „Kaiser Leopold“, „Herrn „von“ Rübezahls Beinkleider“, „Johannes in der Wüste“, der „Bürgermeister mit der Allongeperrücke.“ Die mit diesen Bezeichnungen angedeuteten Aehnlichkeiten treten meist nur von einem bestimmten, nicht zu nahen Standpunkte aus hervor. Die ganze Adersbach-Weckelsdorfer Felsenstadt hat von NW. nach SO. eine Länge von ca. 6 Kilometer bei durchschnittlich $2^1/_2$ Kilometer Breite.

Am Ende des besprochenen Tages ging die Fahrt von Adersbach nach Ober-Weckelsdorf theils über den Cenomanpläner, theils über den oberen Quader hinweg.

Fünfter Tag. Der 21. August begann von Weckelsdorf aus mit einer weiten Fahrt durch das zu Böhmen gehörige Braunauer Ländchen, welches in der Hauptsache eine aus Rothliegendem bestehende, von der Steine durchflossene und annähernd ebene Einsenkung darstellt zwischen dem Kreidegebirge und den östlichen, von krystallinischen Schiefern und Alteruptivgesteinen gebildeten Bergketten. Bis Dittersbach hält sich die Straße noch auf der cenomanen Kreide; unweit des letztgenannten Ortes beginnt das Rothliegende. Dasselbe konnte nur flüchtig beobachtet werden, wo gerade unterwegens ein frischer Anbruch sich darbot. Zwischen Dittersbach und Braunau zeigte sich ein rother glimmerführender und etwas kalkiger Schieferletten und ein röthlichgrauer Kalkstein mit rothen Flecken und Streifen, beide zum oberen Rothliegenden gehörig. Nahe bei Braunau wurde ein ziemlich fein gekörntes Conglomerat gefunden, welches in spärlicher rother Grundmasse hauptsächlich Quarz- und Orthoklaskörner einschließt.

An dieser Stelle mag es nicht unerwähnt bleiben, daß Braunau unter den Naturforschern allbekannt geworden ist durch einen Meteoreisen-Fall, welcher hier am 14. Juli 1847 stattfand und, was zu den größten Seltenheiten gehört, direct gesehen worden ist (cf. Poggendorff's Annalen, Bd. 72). Die Erscheinung erfolgte um $3^3/_4$ Uhr früh, bald nach Eintritt der Morgenröthe, und wurde besonders von dem K. K. Oberförster Pollack in Braunau genau beobachtet. Nach der Erzählung desselben ward plötzlich im ganzen Braunauer Ländchen ein heftiges, mehrere Minuten andauerndes Sausen vernehmbar, und alsbald bildete sich über dem nordöstlich von Braunau gelegenen Dorfe Hauptmannsdorf (an welchem unser Weg dicht vorbei führte) bei sonst ziemlich wolkenfreiem Himmel eine kleine schwarze Wolke, die nach einigem Hin- und Hertreiben sich zu einem horizontalen, etwa 2 Met. langen Streifen formte. Diese Wolke sah man mit einem Male in lebhaftes Erglühen versetzt und nach allen Richtungen Blitze sprühen, wobei unter zwei kanonenschußähnlichen Detonationen zwei Feuerstreifen aus ihr zur Erde niederfuhren. In der That wurden bald darauf zwei Meteormassen aufgefunden. Die eine war vor den Augen eines Mannes von Hauptmannsdorf in unmittelbarer Nähe dieses Ortes herabgestürzt und fand sich 1 Met. tief im Ackerboden heißglühend vor. Sie wog ursprünglich 23,63 Kilogramm, und wurde zu Breslau in eine größere Anzahl von Stücken zertheilt, welche darauf unter verschiedene Gelehrte und Institute vertheilt worden sind; eines davon besitzt auch die Forstakademie zu Neustadt-Ebw. Die andere Meteoreisenmasse hatte das Dach eines eine Viertelstunde von Braunau liegenden Hauses durchschlagen, und wurde in einer Kammerwand des letzteren am andern Tage gefunden; sie hatte ein Gewicht von 17,06 Kilogramm und befindet sich noch im Benedictiner-Stift zu Braunau. Auch in chemischer und mineralogischer Hinsicht gehört das Braunauer Meteoreisen zu den interessantesten. Nach der Untersuchung von Duflos und Fischer ist die Hauptmasse desselben, wie bei den Meteoreisen überhaupt, eine Legirung von Eisen und Nickel mit etwas Kobalt, worin das Eisen über $^{9}/_{10}$ ausmacht; dieser Masse ist eingewachsen Einfach-Schwefeleisen, sowie etwas Phosphornickeleisen beigemengt. Dabei besitzt dieses Meteoreisen, wie Haidinger nachgewiesen hat, eine deutlich krystallinische Beschaffenheit, welche charakterisirt ist durch drei den Würfelflächen parallele Blätterdurchgänge.

Auf der Fahrt von Braunau nach Wünschelburg wurde das Rothliegende fast an keiner Stelle verlassen. Zwischen Großdorf und Ottendorf zeigte sich ein dunkelrother, ziemlich fester und deutlich schiefriger Schieferletten, sodann an einem Punkte zwischen Ottendorf und Tuntschendorf ein bräunlichgrauer, sehr thonreicher und schwach magnesiahaltiger Kalkstein, beide Gesteine aus dem unteren Rothliegenden. Bei Tuntschendorf auf dem Wege nach Wünschelburg wurde in dem nämlichen Formationsgliede ein feinkörniger rother Sandstein gefunden. Das Rothliegende wird zwischen den letzgenannten Orten von einigen Melaphyrmassen durchbrochen; unweit Reichenforst wurde dies Eruptivgestein als ein mikrokrystallinischer normaler Melaphyr von anamesitähnlichem Aussehen angetroffen. Ungleich bedeutender ist freilich der Melaphyrzug, welcher von Tuntschendorf nach NW. an Schönau vorbei sich zwischen Rothliegendem und Felsitporphyr erstreckt; es fehlte jedoch an Zeit, denselben zu besichtigen.

In dem Wünschelburger Stadtforst, westlich von der Stadt, bot sich hiernach das obere Rothliegende dar, vertreten durch einen rothen Mergel mit Kalkspathnestern und durch einen rothen Sandstein, welcher durch die Einmengung gröberer Quarzbrocken conglomeratähnlich wird. Die genannte Formation grenzt hier wiederum direct an die schroff ansteigende Kreidepartie des Heuscheuergebirges, von deren Gesteinen zahlreiche herabgerollte Blöcke auf dem Rothliegenden zerstreut sind.

Mit dem Kreidegebirge beginnt hierorts die Oberförsterei Carlsberg. Der untere Cenomanquader fehlt an dieser Stelle; es ist der Plänersandstein, welcher als wenig mächtige Schicht unmittelbar an das Rothliegende stößt. Derselbe wurde an der Landstraße nach Cudowa anstehend beobachtet. Darauf folgte der obere Cenomanquader, der im Carlsberger Reviere eine bedeutende Rolle spielt und daselbst, abweichend von den Verhältnissen in den nördlichen Theilen des großen Kreidezuges, hauptsächlich unter dem Plänerkalk entwickelt ist, dagegen in weit geringerer Ausdehnung über demselben abgelagert vorkommt; im weiteren Verlauf der von uns überschrittenen Grenze des Plänersandsteins und des oberen Quaders nach SO. auf Schwedeldorf zu schiebt sich jedoch zwischen beide ein Streifen des Cenomanpläners, so daß in letzterem thatsächlich der Quader, entsprechend dem auf S. 15 Bemerkten, eingelagert erscheint. Der obere Quader wurde gleichfalls zunächst an der Straße angetroffen; es war ein hellgrauer, grobkörniger und cämentarmer Quarzsandstein mit äußerst zahlreichen Steinkernen von Exogyra columba, welches Fossil zwar auch im unteren Cenomanquader häufig vorkommt (vergl. S. 16), aber besonders für den oberen charakteristisch ist.

In den hiernach durchwanderten Beständen der Oberförsterei wurde der obere Quader für sich allein wenig beobachtet; vorzugsweise trat derselbe mit dem Plänersandstein wechsellagernd oder auch letztere Gebirgsart für sich auf, und in beiden Fällen zeigte der

Boden einen schönen Holzwuchs. Diese Art des Vorkommens des Plänersandsteins ist auf der geolog. Karte nicht angedeutet. Nahe der Heuscheuer wurde sodann der ausgezeichnetste Bestand des Reviers in angeblich ca. 750 Meter Höhenlage auf dem cenomanen Plänerkalkstein angetroffen (Distr. 54b); das dortige Gestein gleicht vollkommen dem bei Adersbach anstehenden Plänerkalk (S. 18); wir trafen dasselbe auch noch in einem bald darauf besuchten Saatkamp. Indeß ist zu bemerken, daß die Karte den Cenomanpläner in dieser Gegend allem Anscheine nach in zu großer Ausdehnung angiebt, indem sie eine Partie Plänersandstein mit demselben vereinigt. Eigenthümlich ist, daß der Plänerkalk und der Plänersandstein in der Revierbeschreibung als „Grauwackenkalk" aufgeführt werden; es soll früher allerdings einmal angenommen worden sein, daß an der Heuscheuer die Uebergangsformation auftrete.

Endlich wurde auch die Große Heuscheuer von Gr. Carlsberg aus bestiegen. Die Heuscheuer ist eine auf dem Cenomanpläner steil emporstrebende kleinere Gebirgsinsel des obereren Quaders, welcher somit in dem hiesigem Gebiete sowohl über als unter dem Plänerkalk entwickelt ist. Das Plateau, auf dem die Heuscheuer sich erhebt, heißt der Leyerberg, hat 726 Met. Höhe und fällt steil ab gegen N. und S., während es nach SO. allmählich sich senkt. Die Große Heuscheuer macht den östlichen, die Kleine Heuscheuer (ca. 880 Met.) den westlichen Theil der genannten Erhebung aus. Der obere Quader ist auf der Großen Heuscheuer in ganz ähnlicher Weise wie bei Adersbach und Weckelsdorf zu den wunderlichsten Felsgebilden zerklüftet, deren größter Theil in der Eile noch besichtigt werden konnte. Der höchste Punkt mit 921 Met. ist der Großvaterstuhl, eine zu einem Sitz ausgehöhlte kleine Felsmasse. Die merkwürdigste Erscheinung ist hier jedoch ein oscillirender platter Felsen, welcher innerhalb einer ziemlich schmalen und kurzen Gebirgsspalte etwa 12 Met. tief senkrecht niedergeht und durch die fortdauernde Einwirkung des Wassers von seiner Unterlage, die vermuthlich eine ausgekehlte Form hat, völlig losgetrennt worden ist; sein Schwerpunkt muß eine solche Lage haben, daß derselbe, wenn das obere Ende dieser mächtigen Sandsteinplatte gegen eine der Längswände der Spalte angedrückt wird, immer noch vertical über der Unterstützungsfläche liegt.

Südwestlich von der Heuscheuer liegt der fast gleich hohe Spiegelberg (910 Met.), welcher ebenfalls von dem oberen Quader gebildet wird. Etwas weiter nach SW. steht unweit Cudowa eine größere Granitmasse an.

Auf der ganzen Strecke von Gr. Carlsberg bis nach Reinerz tritt bloß die Kreideformation an die Oberfläche.

Sechster Tag. Der 22. August führte uns in das krystallinische Schiefergebirge der Hohen Mense und des Erlitzgebirges und in die anstoßenden Cenomanschichten, welche noch dem großen Kreidezuge, in dem die Heuscheuerpartie liegt, angehören.

Schon am südlichen Ende von Reinerz beginnt der Glimmerschiefer, welcher Lagen von körnigem Kalkstein enthält. An der den Weistritzbach entlang nach Kaiserswalde führenden Straße wurde sodann zunächst ein ziemlich feinflasriger röthlicher Glimmergneiß und bald darauf Plänersandstein angetroffen, auf dessen thonigem und kalkhaltigem Boden ein großer Theil der Revierbestände sich befindet. Die letztere Gebirgsart wird in dortiger Gegend irrthümlich „Thonschiefer" genannt; allerdings hat sie daselbst mit einem Uebergangsthonschiefer äußerlich eine gewisse Aehnlichkeit. Die vorgefundenen Stücke zeigten eine schwarzgraue Farbe und deutliche Schieferung, wodurch sich das Gestein vom Plänerkalkstein unterscheiden läßt, welcher übrigens nach der Karte in der nämlichen Region ziemlich ausgedehnt zu Tage tritt. Im Plänersandstein fand der Verf. in der Nähe des „erfrorenen Jägers" einen Abdruck von Inoceramus mytiloïdes, einer charakteristischen Muschel der cenomanen und turonen Kreide.

Oestlich und südöstlich von den „Seefeldern," unweit Kaiserswalde, folgte dann wieder Gneiß, im Aeußern dem vorhin erwähnten sehr ähnlich. Diese Gneißmasse steht mit dem Habelschwerdter Gebirge in Verbindung.

Es wurde hiernach das unter dem Namen „Die Seefelder" bekannte, 784 Met. über dem Meere liegende Hochmoor besucht. Der natürliche Wasserabfluß der Seefelder ist die Erlitz, ein Nebenfluß der Elbe, deren scharf ausgeprägtes nach SO. verlaufendes Thal das Habelschwerdter Gebirge vom Böhmischen Kamm scheidet; künstliche Abzugsgräben führen jedoch einen Theil des Moorwassers der Weistritz zu, die ein Zufluß der Neiße ist. Es liegt demnach thatsächlich an dieser Stelle der hydrographisch merkwürdige Fall vor, daß die Wassergebiete der Nord- und Ostsee auf einer annähernd ebenen Hochfläche, also ohne irgend hervortretende Gebirgsscheide, zusammentreffen. Die Bodenunterlage der Seefelder besteht aus Plänergesteinen des Cenomans, welches hier einen schmalen, $2^1/_4$ Meilen langen Streifen inmitten des krystallinischen Schiefergebirges bildet, der von Kohlhau bei Bad Reinerz bis Schwarzwasser in Böhmen sich erstreckt und auf der Südseite der Seefelder dem Laufe der Erlitz folgt. Nach der Karte würde diese ganze Partie fast nur dem Plänerkalk angehören, bloß an den beiden Endpunkten ist Plänersandstein in geringfügiger Ausdehnung angegeben. Auf dem Hochmoor ist nun anstehendes Gestein von frischer Beschaffenheit nirgends anzutreffen; ein vom Bette des Quellbaches der Erlitz abgebrochenes Stück zeigte mehr das Aussehen eines zersetzten Plänersandsteins. Die Frage nach der wahren Natur der hier vorliegenden Gebirgsart verdient um so mehr eine nähere Untersuchung, da auf der Karte eine Verwechselung des Plänersandsteins mit dem Plänerkalk mehrfach (z. B. in der Umgebung der Heuscheuer) vorzukommen scheint; beide Gesteine können durch ihren starken Thongehalt die Bildung des Hochmoors erklären.

Von den Seefeldern aus wurde genau nach W. die Richtung auf das Dorf Grunwald eingeschlagen. Zunächst gelangten wir an der Westgrenze des Moors in einen schönen Nadelholzbestand auf einem etwas feldspathhaltigen Glimmerschiefer. In Grunwald selbst, welches mit nahezu 900 Met. das höchstgelegene Dorf im preuß. Staate ist, sowie an den Abhängen und auf dem Gipfel der Hohen Mense wurde normaler Glimmerschiefer vorgefunden. Auffallend ist die große Aehnlichkeit der Gesteine auf und an diesem Gebirgsstock mit den Glimmerschiefern der Ostseite der Schneekoppe; es sind ebenfalls sehr glimmerreiche Schiefer mit schmutzig graugrünem oder bräunlichem Magnesiaglimmer, in denen der Quarz meist in einzelnen linsenförmigen Lagen auftritt.

Auf der Hohen Mense, über welche die deutsch-böhmische Grenze hinwegläuft, bot sich eine prächtige Fernsicht über den größten Theil der niederschlesischen Gebirgsketten. Ihre Spitze liegt 1064 Met. über dem Meeresspiegel. Der Böhmische Kamm zwischen Grunwald und Sattel, südlich von der Mense, hat 995 Meter.

Ein interessanter Punkt an der Hohen Mense ist der goldene Stolln, eine Gebirgshöhle von noch unbekannter Ausdehnung, die in Folge natürlicher Auswaschung einer Urkalkeinlagerung im Glimmerschiefer durch einen von oben hineinmündenden Bach entstanden ist. Der Besuch dieser Oertlichkeit würde uns jedoch zu weit von unserm Wege abgeführt haben.

Siebenter Tag. Die Fahrt von Reinerz über Rückerts und Ober-Schwedeldorf nach Glatz und von dort weiter nach Wartha ging quer durch den Glatzer Gebirgskessel hindurch. Ausgezeichnet war unterwegs der Blick nach S. auf das noch ziemlich weitab gelegene Schneeberggebirge. Auf der ersten Hälfte des Weges wurde die Kreideformation des Heuscheuergebirges und demnächst ein schmälerer Streifen Rothliegendes, der südöstliche Ausläufer der uns bereits bekannt gewordenen Braunau-Wünschelburger Ablagerung, überschritten. Eine halbe Meile westlich von Glatz beginnen Urthonschiefer, die bis jenseit dieser Stadt anhalten. Zwischen Glatz und Wartha breitet sich sodann das Warthaer Grauwackengebirge aus, welches in seinem jüngern westlichen Theile eine Culmbildung ist, hier und da mit kleinen Massen von oberdevonischen Kalkstein verbunden, im östlichen Theile dagegen dem Silur angehört; in der ersteren Partie wurde an der Landstraße eine sehr feinkörnige, glimmerreiche und deutlich geschieferte Grauwacke beobachtet. Orographisch bemerkenswerth ist das genannte Schichtensystem durch den Durchbruch der Neiße im Warthapaß zwischen Eulen- und Reichensteiner Gebirge; letzteres findet dicht südlich von Wartha in dem Warthaer Kapellenberg seinen nordwestlichen Abschluß, während das Eulengebirge unweit nördlich der Stadt anhebt.

Die hiernach sich anschließende Eisenbahnfahrt über Münsterberg und Strehlen nach Breslau führte sogleich in das diluviale Gebiet auf der Ostseite der Sudeten. Näher der Gebirgsgrenze wird das Diluvium noch häufig unterbrochen von krystallinischen Schiefern (Gneiß, auch Glimmerschiefer) sowie von alteruptiven Massen (Granit, Gabbro, Serpentin). Auf dem mittleren Theile dieser Route sah man fern im NW. oder W. die merkwürdige Berggruppe des Zobten, welche inmitten der etwa 200 Met. hohen Diluvialebene zwischen Weistritz und Lohe plötzlich emporsteigt; die hervorragendste dieser Anhöhen ist der kegelförmige Zobtenberg (723 Met.), der aus Gabbro und Granit besteht, während die beiden anderen Haupterhebungen, die Geiersberge und die Költschenberge, von Serpentin gebildet werden. Wahrscheinlich sind diese Serpentinmassen aus einer Umwandlung von Gabbro hervorgegangen.

Zweiter Theil der Excursion: Mittel- und Oberschlesien.

Allgemeines. Rechnet man zum eigentlichen Niederschlesien den Regierungs-Bezirk Liegnitz und den südwestlichen gebirgigen Theil des Reg.-Bez. Breslau (Grafschaft Glatz, Kreis Waldenburg 2c.), so würde der übrige Theil des letzteren Regierungs-Bezirks in der Hauptsache das hin und wieder als Mittelschlesien bezeichnete Gebiet ausmachen, während das preußische Oberschlesien oder das Land zu beiden Seiten des oberen Oderlaufs mit Ausnahme eines kleinen Landstrichs im Westen der Neiße den Reg.-Bez. Oppeln umschreibt. In orographischer wie in geognostischer Hinsicht nun unterscheidet sich das ober- und mittelschlesische Land wesentlich von Niederschlesien. Das preußische Oberschlesien ist eine sanft wellenförmig gestaltete Hochfläche mit durchschnittlich 190—280 Met. Meereshöhe, welche nur an einzelnen Stellen durch Bergkuppen und Höhenzüge, die bis über 375 Met. ansteigen, unterbrochen wird. Noch flacher und zugleich niedriger sind im Ganzen die mittelschlesischen Gegenden, welche unmerklich in das eigentliche norddeutsche Tiefland übergehen.

Geognostisch betrachtet, gehört Oberschlesien zum größten Theile dem Schwemmland an; sein Boden besteht vorwiegend aus quartären Ablagerungen (hauptsächlich Diluvium), innerhalb deren einige ältere Sedimentgebilde in Form einer sehr großen Anzahl regellos zerstreuter und meist kleinerer Massen hervortreten. Es sind dies besonders Glieder des Steinkohlengebirges, der Trias, des Jura, der Kreide- und Tertiärformation. Erst jenseit der südwestlichen, südlichen und östlichen Landesgrenzen gewinnen diese Formationen die Oberhand; zumal im W., östlich und südlich des Altvaters, nimmt die

Culmformation (älteres Steinkohlengebirge) in dem unter dem Namen des „niederen Gesenkes" bekannten Berg- und Hügelland einen größeren Flächenraum ein, der ganz überwiegend jedoch zu Oesterreich-Schlesien und Mähren gehört und in Ausläufern bloß über die Oppa hinaus auf Leobschütz zu sich erstreckt; sodann im S. die ältere Kreide (Neocom und Gault) in den Nordkarpathen, und im O. die Juraformation in Polen zwischen Krakau und Czentochau. Krystallinische Schiefer und Eruptivgesteine treten in Oberschlesien nur ganz untergeordnet auf.

Die diluvialen und recenten Absätze erlangen in Mittelschlesien noch mehr das Uebergewicht. Ganz wie in der norddeutschen Tiefebene bietet sich fast allenthalben das Diluvium dar, hier und da unterbrochen von inselförmigen Partien der oligocänen braunkohlenführenden Tertiärformation.

Die geognostischen Verhältnisse Oberschlesiens sind durch die von 1862—1869 ausgeführten Specialaufnahmen, welche der von Ferd. Roemer unter Mitwirkung von Degenhardt, Halfar, Eck u. A. bearbeiteten geognostischen Karte von Oberschlesien zu Grunde liegen, ungemein sorgfältig erforscht worden und sind dem heutigen Stande der Wissenschaft entsprechend wohl noch genauer bekannt, als die des niederschlesischen Gebirges. Die genannte ausgezeichnete Karte ist in 12 Sectionen im Maßstabe 1 : 100,000 bei J. H. Neumann in Berlin erschienen; ihr Gebiet reicht, um ein geognostisch einigermaßen abgeschlossenes Ganzes zu repräsentiren, namhaft über die Grenzen des preußischen Oberschlesiens hinaus und umfaßt noch größere oder kleinere Theile von Mittelschlesien, Russisch-Polen und Galizien, Oesterreichisch-Schlesien und Mähren. Es gehört dazu ein vortrefflicher, von Ferd. Roemer bearbeiteter Erläuterungsband nebst einem Atlas von 50 der bezeichnendsten Petrefacten (Breslau, 1870); den Erläuterungen ist beigefügt eine ausführliche Abhandlung des Ober-Bergraths Runge über die oberschlesische Mineral-Industrie nebst 14 kleineren Karten und Profilen.

Wie schon vorhin erwähnt, sind die quartären Gebilde in Oberschlesien durchaus vorherrschend. Diluviale Ablagerungen, die mit denen des norddeutschen Tieflandes im vollständigsten Zusammenhang stehen und ohne Zweifel gleichzeitig abgesetzt wurden, verbreiten sich über den ganzen Bezirk mit Ausnahme der höchsten Erhebungen des Steinkohlengebirges. Bis zu einer gewissen Höhe der nördlichen Hänge der Karpathen und der östlichen des Altvatergebirges erstreckte sich während der Diluvialzeit das Meeresbecken, in welchem die aus nordischen Gegenden (Schweden und Finnland) stammenden Schuttmassen der norddeutschen Ebene abgelagert wurden. In dieser Beziehung gehört also Oberschlesien noch zu Norddeutschland, während z. B. das benachbarte Böhmen und andere westlich gelegene Gegenden ganz davon verschieden sind.

Im oberschlesischen Diluvium ist Sand am verbreitetsten; er gleicht dem nordischen Diluvialsand, enthält vorwiegend weißliche oder hellgraue Quarzkörnchen und daneben die charakteristischen rothen Feldspathstückchen. Bisweilen bildet derselbe unbebaute Flächen, wie z. B. nördlich von Tarnowitz und in der Gegend von Pleß. Die sorgfältige Forstcultur läßt im preußischen Oberschlesien die Sterilität solcher Sandflächen weniger zur Geltung kommen, während im benachbarten Polen öde Sandwüsten in großer Zahl und Ausdehnung vorhanden sind. So liegt nordwestlich von Olkusz eine derartige völlig vegetationslose Fläche von $^5/_4$ Meilen Länge und $^1/_2$ Meile Breite. Mehrfach ist der Sand von seiner ursprünglichen Lagerstätte weggeweht; die Stadt Siewirz konnte einst gegen die drohende Ueberfluthung durch Flugsand nur dadurch geschützt werden, daß die nördlich der Stadt gelegenen Sanddünen mit Kiefern bepflanzt wurden.

Demnächst treten Kieslager, die aus Rollsteinen verschiedener Gebirgsarten bestehen, häufig auf. Liegt der Kies unmittelbar zu Tage, wie um Rybnik und Sohrau, so ist der Boden dürr und unfruchtbar. Lagert er dagegen unter dem lehmigen Boden, wie in den Kreisen Ratibor und Leobschütz, so befördert er dessen Fruchtbarkeit durch natürliche Drainirung, indem er das überflüssige Wasser des Lehms aufnimmt. Conglomeratgebilde, in welchen Quarzgerölle durch Eisenoxydhydrat oder kohlensauren Kalk verkittet sind, liegen häufig lose an der Oberfläche oder werden in tiefer liegenden Schichten angetroffen.

Erratische Blöcke nordischen Ursprungs sind über ganz Oberschlesien verbreitet und werden an den Gehängen des niederen Gesenkes und der Nordkarpathen bis zu Höhen von 400 Met. und darüber gefunden. Auch die Geschiebe oder kleineren Gesteinsfragmente gehören, wie in Norddeutschland, weitaus am häufigsten nordischen Gebirgsarten an. Hauptsächlich findet man abgerundete Bruchstücke von röthlichem oder bräunlichem Gneiß und Granit, seltener von Felsitporphyr, Diorit und Hornblendeschiefer; übrigens sind sie im Ganzen weniger massenhaft angehäuft und kleiner als in den der Ostsee näher gelegenen Gegenden. Geschiebe nordischer Sedimentgesteine (besonders von untersilurischem grauem Orthoceras-Kalk) wurden bisher nur an wenigen Punkten beobachtet und erscheinen viel seltener als in Niederschlesien. Dagegen kommen Bruchstücke schlesischer Gesteine unter den Diluvialgeröllen an manchen Orten vor. Sehr verbreitet sind ferner Geschiebe von verkieselten Hölzern, deren ursprüngliche Lagerstätte wahrscheinlich eine jetzt zerstörte Tertiärbildung war. Darunter ist vor Allem eine fossile Eiche Quercus primaeva Goepp. vertreten; die größten Stücke (von 10—15 Kilogr.) gehören nach Goeppert einer durch die Größe ihrer Harzbehälter ausgezeichneten Conifere Pinites silesiacus Goepp. an.

Außer Sand und Kies liegt nordischer Diluviallehm an vielen Stellen zu Tage; er enthält nordische Geschiebe und erweist sich dadurch als ein Absatz aus der diluvialen Meeresbedeckung. Ohne Zweifel aber verdanken diese an der Oberfläche vorhandenen Lehmschichten, gleichwie im norddeutschen Gebiete, ihren jetzigen, mehr oder weniger kalkarmen Zustand einer späteren Auslaugung von Diluvialmergeln durch die kohlensäurehaltigen Wasser; durch fortgesetzte Auswaschung mußten die lehmigen und sehr feinkörnigen Sande resultiren, denen man in ausgedehntem Maße begegnet.

Von ganz besonderem Interesse ist ferner das Auftreten von Löß in Oberschlesien, auf welches weiter unten zurückzukommen ist.

Ueber das Alluvium, die der heutigen Periode angehörigen fluviatilen Absätze in Oberschlesien ist wenig Allgemeines zu bemerken. Durch Sand, Kies und Lehm ist diese recente Formation vorzugsweise repräsentirt; die Excursion bot Gelegenheit, in den herrlichen Oderwaldungen die große Fruchtbarkeit der betreffenden Flußlehme und lehmigen Sande kennen zu lernen.

Auf der geolog. Karte ist für die Abgrenzung des Alluviums gegen die diluvialen Gebilde als leitend angenommen, daß ersteres sich so weit erstreckt als die ebene Thalsohle reicht; zugleich sind die höher gelegenen älteren Flußterrassen in den Thälern der größeren Flüsse (Oder und Weichsel) vom Alluvium nicht abgetrennt, obschon sie theilweise aus diluvialer Zeit stammen.

Diluvium und Alluvium verhalten sich in Mittelschlesien in ganz analoger Weise, nur daß ersteres noch mehr den Charakter der norddeutschen Diluvialmassen annimmt. Im mittelschlesischen Alluvium sind in der flachwelligen Münsterberger Gegend zahlreiche Torflager bekannt, deren Material als sogenannter Vitrioltorf ausgebildet ist. Dieser Torf ist nämlich ganz von Schwefelkies oder Eisenvitriol durchdrungen, und wird vielfach zur Vitriolgewinnung verarbeitet. Auch mehrere Absätze von lockerem und mergeligem porösem Kalk, die am Fuße von Anhöhen und in feuchten Niederungen in den Kreisen Ohlau, Oels und Namslau vorkommen, sind als Bildungen der Alluvialzeit anzusprechen; wahrscheinlich ist ihre Entstehung auf die Auslaugung von höher abgelagerten Diluvialmergeln zurückzuführen. Dieselben entsprechen somit den Wiesenkalken und Wiesenmergeln der norddeutschen Ebene. Ferner kommen Raseneisenerze nicht selten vor. Für die Geognosie Mittelschlesiens ist übrigens zum Theil die geolog. Karte des Niederschlesischen Gebirges zu benutzen, von welcher die Section Breslau ganz und die Section Strehlen größtentheils dem bezeichneten Gebiete angehört.

Achter und neunter Tag. Die am 24. August besuchte Oberförsterei Zedlitz liegt zum größten Theil im Inundationsgebiet der Oder. Demgemäß liegen hier hauptsächlich Alluvialböden vor, aus Flußlehm oder feinen Sanden von mehr oder weniger lehmiger Beschaffenheit bestehend. Indeß zeigt sich auch echter nordischer Diluvialsand im Bereich einer mäßigen Terrainerhebung von länglicher Form, die etwa die Mitte zwischen der Ohlau und der Oder einnimmt und sich von den Zedlitzer Sandbergen über Sackerau bis jenseit Kottwitz verfolgen läßt. Wir beobachteten diesen Diluvialsand recht deutlich an kleinen Hügeln in der Nähe von Kottwitz; jedenfalls wird auch ein Theil dieser älteren Sandmassen bei größeren Ueberschwemmungen der Oder überfluthet.

Ganz und gar auf Alluvium steht dagegen der Peisterwitzer Oderwald, den wir am Morgen des nächstfolgenden Tages zu Gesicht bekamen. In diesen prächtigen Eichenwäldern wie nicht minder in der parkartigen Waldpartie des „Ritscheberges“ entrollte sich ein Bild der Fruchtbarkeit des von steinfreiem Flußlehm gebildeten Auebodens, welches seines Gleichen sucht.

In der Oberförsterei Scheidelwitz wurde demnächst eine Wanderung durch den Rogelwitzer Forst ausgeführt, dessen Boden aus Diluvium besteht. Es zeigten sich mehrere Abänderungen von Diluvialsand: theils reinere hellfarbige Sande, theils solche von mooriger und andere wieder von lehmiger Beschaffenheit, sowie auch sandige Lehme. Großentheils sind diese Bodenschichten etwas kiesig. Von nordischen Geschieben fanden wir darin: einen schönen grobkörnigen Schriftgranit mit vorwiegendem fleischrothem Orthoklas, verschiedene Granitvarietäten, Glimmerschiefer mit schwarzem und bräunlichgelbem Glimmer und einen an Quarzeinsprenglingen armen Felsitporphyr mit schwärzlichgrauer, hornsteinartig aussehender Grundmasse. Auch Raseneisenerz wurde in einzelnen losen Stücken beobachtet. Bei Leubusch an der Südwestgrenze des Bestandes kommt stellenweise unteroligocäner Thon und Sand zum Vorschein.

Zehnter Tag. Die Fahrt auf der oberschlesischen Eisenbahn von Brieg nach Leschnitz brachte uns am 26. August bei Loewen über die Neiße und damit in das eigentliche Oberschlesien hinein.

Vom Bahnhof Leschnitz aus benutzte der Verf. den Vormittag zu einem Besuch des $^2/_3$ Meilen in nordöstlicher Richtung entfernten Annaberges, den man wohl den geologisch ausgezeichnetsten Punkt Oberschlesiens nennen darf. An dieser von Basalt gebildeten Bergkuppe, die mit ungefähr 400 Met. die höchste Erhebung des Landes auf der rechten Oderseite ist, erscheint die westliche, Groß-Strehlitzer Partie des breiten und meist flachen Muschelkalk-Rückens, welcher, vielfach unterbrochen durch Diluvium, in einer über 10 Meilen betragenden, annähernd west-östlichen Erstreckung von Krappitz an der Oder über Tarnowitz bis Olkusz in Polen sich verfolgen läßt. Schon bei Gogolin, an der Eisenbahn, hatten wir diesen Muschelkalk und die zahlreichen Kalköfen, in denen er dort gebrannt wird, gesehen. Ganz vorwiegend sind es Glieder des unteren Muschelkalks, und vor Allem, namentlich im westlichen Theile des Rückens, Kalksteinbänke, die dem tiefsten Horizont der Formation, dem des unteren Wellenkalks, entsprechen; demnächst am verbreitetsten zeigen sich dem Schaumkalk äquivalente Schichten. Inmitten dieses Muschelkalks nun, an seiner südlichen Grenze, erhebt sich der Basalt des Annabergs, welcher in zwei an der Oberfläche getrennten Kuppen hervortritt, die aber ohne Zweifel in der Tiefe zusammenhangen. Die stratigraphische Untersuchung hat dargethan, daß die verschiedenen Muschelkalkschichten ganz gleichförmig dort übereinander gelagert sind und ihre heutige Lagerung daher im Wesentlichen schon vor dem Durchbruch des Basalts besaßen, wie denn überhaupt die Schichtenstellung der von den oberschlesischen Basalten durchbrochenen Sedimentgesteine nirgends eingreifendere Störungen erfahren hat. Die Basalte Oberschlesiens, welche übrigens hauptsächlich im westlichen Odergebiete hervortreten, sind die östlichsten Ausläufer jener Zone von Basalterhebungen, die von der Eifel aus quer durch ganz Deutschland geht, und zwar ist der Annaberg der äußerste Endpunkt; östlich desselben bis hin zum Ural ist nirgends das Vorkommen von Basalt oder einem anderen jüngeren Eruptivgestein bekannt. Der Zeit nach gehören die oberschlesischen, gleichwie die übrigen deutschen Basalte, der Tertiärperiode (größtentheils wohl dem mittleren Abschnitte derselben) an.

Was jedoch den Annaberg noch besonders interessant macht, ist die Lößablagerung, die von dort bis über Ujest hinaus am südlichen Gehänge des Muschelkalk-Rückens breit entwickelt sich hinzieht. Namentlich mächtig ist dieser Löß am Südabhang des Annabergs, dessen Basalt rings von ersterem umgeben ist, so daß der Löß hier theils auf dem Basalt, theils auf dem Muschelkalk lagert und zu bedeutender Höhe ansteigt. Das nordische Diluvium, welches beim Bahnhofe Leschnitz noch die Oberfläche bildet, begegnet zwischen diesem Punkte und dem Annaberg jener Lößzone, und es treffen da also das marine und das Süßwasserdiluvium zusammen; denn dieser oberschlesische Löß stimmt petrographisch und paläontologisch überein mit demjenigen, welcher im Rheinthal zwischen Basel und Bonn gleichwie in anderen großen Flußthälern verschiedener Länder (Seine-, Donauthal 2c.) als oberste Schicht der Diluvialgebilde aus langsam fließendem oder stehendem süßem Wasser abgesetzt worden ist. So fand z. B. H. Eck im Löß bei Leschnitz dieselben kleinen Landschnecken, die im rheinischen Löß bekannt sind, namentlich Succinea oblonga Drap. und Pupa muscorum Lam., auch Helix hispida Müll. Viel verbreiteter ist übrigens der Löß auf dem linken Oderufer, zu beiden Seiten einer Linie von Steinau über Bauerwitz nach Oderberg, während rechts vom Flusse der nordische Diluvialsand und damit eine geringere Fruchtbarkeit weit mehr vorherrscht; noch größere Ausdehnung zeigt der Löß im Weichselthal. Zu bemerken ist noch, daß der als Unterlage des Löß häufig vorkommende Kies petrographisch von dem gewöhnlichen Diluvialkies, welcher aus Geröllen nordischer Gesteine besteht, durchaus verschieden ist. Ersterer ist ein Sediment der nämlichen süßen Gewässer, aus denen später der Löß sich absetzte, und wird daher vorzugsweise von Rollsteinen der in den betreffenden Flußgebieten anstehenden Gebirgsarten gebildet; so enthält der den Löß westlich der Linie Cosel-Oderberg unterlagernde Kies Gerölle theils aus den Karpathen, theils vom Altvatergebirge, aus welchem die Gesteinstrümmer durch die Oppa der Oder zugeführt wurden.

Das oberschlesische Diluvium verdankt demnach seine Absätze nicht allein der allgemeinen diluvialen Meeresbedeckung, sondern in der nämlichen geologischen Periode waren in einem namhaften Theil dieses Gebietes süße Gewässer und daneben hier und da, an hervorragenden Punkten der älteren Formationen, festes Land vorhanden; wogegen das Diluvium der norddeutschen Ebene von eigentlichen Süßwasserbildungen keine Spur aufweist. Gegen Norden reicht der Löß ungefähr bis zu einer, die Städte Neiße, Ober-Glogau und Cosel verbindenden Linie; nur eine kleine Lößmasse dicht nördlich von Neiße und ein Theil der Leschnitzer Partie liegen noch ein wenig nördlicher.

Der Verfasser nahm vom Bahnhof seinen Weg der Pferdeeisenbahn entlang nach dem Kuhthal. Ungefähr dort, wo letzteres beginnt, kaum $^1/_4$ Meile von der Spitze des Annabergs entfernt, ist die Grenze zwischen dem nordischen Diluvium und dem Löß. Letzterer zeigte allenthalben in der genannten Einsenkung die bekannten Merkmale des rheinischen Löß: er stellte sich dar als ein lebhaft gelblichbrauner, geschiebefreier und kalkreicher Lehm, welcher zahlreiche kleine Concretionen von weißlichem Kalkmergel (sog. Lößpuppen) enthält. Das Kuhthal wurde weiter verfolgt bis zu den auf der Westseite des Annabergs liegenden Kalksteinbrüchen, in denen ein graugelblicher, dichter, auch Kalkspathblättchen enthaltender Kalkstein (dem Schaumkalk gleichstehend) beobachtet wurde. Der Muschelkalk ist dort noch größtentheils mit einer ziemlich bedeutenden Lößschicht überdeckt; nach W. zu verschwindet diese Bedeckung jedoch sehr bald, der Muschelkalk tritt zu Tage, und etwas weiter westlich, bei Zyrowa, lagert unter demselben ein schmaler Streifen von rothem Letten, Sandstein und Thon, welcher der Buntsandsteinformation (untere Etage und Röth) angehört.

In einem der erwähnten Steinbrüche war eine Kluft im Muschelkalk zu sehen, die mit Löß und Basaltgeröllen, auch solchen des Muschelkalks selbst, erfüllt war; hier hatte die Einwirkung des Wassers schöne Kalksintergebilde erzeugt, sowie lose Stücke eines Conglomerates, in welchem abgerundete Basalt- und Kalksteinbrocken durch eine mit Löß gemengte Kalksintermasse verkittet waren. An der nämlichen Stelle nun, etwa 500 Met. westlich vom Annaberger Basalt, machte der Verf. einen sehr werthvollen und seltenen Fund; in dem den Muschelkalk überlagernden Löß fand er nämlich einen fossilen Säugethierknochen, welcher von den Herren Prof. Hensel in Proskau, Prof. Gerstäcker und Dr. Dames in Berlin mit freundlichster Bereitwilligkeit untersucht worden ist. Die genaue Bestimmung machte besondere Schwierigkeiten und erheischte die Vergleichung mit Scelett-Theilen der verschiedensten lebenden und ausgestorbenen Säugethiere, wobei namentlich Prof. Gerstäcker keine Mühe gescheut hat; schließlich ergab sich, daß das in Rede stehende Knochenfragment das untere Ende der Tibia eines sehr jungen Individuums des Elephas primigenius (Mammuth) ist, an dem die Epiphyse fehlt. Damit überein stimmt die Ansicht, welche der berühmte Paläontologe Prof. Beyrich beim ersten Ansehen des ihm vorgelegten Knochens sofort äußerte. Es ist dies der erste derartige Fund aus dem Löß des Annabergs, im äußersten Norden des Verbreitungsgebietes dieser Gebirgsart in Oberschlesien.

Von den Kalkbrüchen begab sich der Verfasser auf die Höhe des Annabergs, um das anstehende Eruptivgestein zu besichtigen. Dasselbe ist ein fester, olivinhaltiger Basalt, der in mehreren Steinbrüchen gebrochen wird und als Wegebaumaterial für einen großen Theil Oberschlesiens dient. Ausgezeichnet ist seine Absonderung in langen pentagonalen Säulen, welche gleich im ersten Steinbruch am dortigen Franziskaner-Kloster und besonders schön im Klostergarten selbst zu sehen ist.

Hiernach wurde der Weg südlich nach dem Dorfe Leschnitz eingeschlagen, um von dort über Rokitsch und Raschowa in den Klodnitzer und Lenkauer Wald zu gelangen. Am Südabhang des Annabergs offenbarte die Lößbedeckung durch tief eingeschnittene enge Hohlwege und Schluchten eine weitere Uebereinstimmung mit dem rheinischen Löß; diese Erscheinung ist darin begründet, daß die Theilchen des Löß, obwohl derselbe eine lose Gebirgsart ist, immerhin ziemlich stark aneinander haften. Ebendaselbst erscheint etwas Muschelkalk inmitten der Lößdecke bloßgelegt; es zeigte sich ein grauer, cavernöser Kalkstein, die unterste Schicht des Kalkgebirges, sowie auch ein hellgelblicher Encrinitenkalk mit röthlichen Flecken. Nahebei befindet sich noch ein unbedeutendes Vorkommen von Kalktuff, der wahrscheinlich von diluvialem Alter ist. Die Grenze zwischen Löß und marinem Diluvium geht dicht am Nordende des Dorfes Leschnitz vorbei; von da nach S. breiten sich wieder die nordischen Schuttmassen aus.

Die akademische Excursion durch die Oberförsterei Cosel bewegte sich während des Vormittags in dem am linken Oderufer gelegenen Mechnitzer Walde auf alluvialem Boden. Nachmittags wurde dagegen rechts vom Flusse in den Schutzbezirken Klodnitz und Lenkau nordisches Diluvium angetroffen. Die dortigen Bodenarten zeigten vielfach mit denen der Oberförsterei Scheidelwitz große Aehnlichkeit; es waren großentheils moorige, mehr oder minder lehmige, sowie auch kiesige Sandböden, daneben sogen. Sandlehmböden. Man hat hier Diluvialsandböden auf Lehm und darunter Mergel constatirt; vielleicht dürfte da der zuoberst liegende Sand als ein mehr, der Lehm als ein weniger ausgewaschenes Residuum des Diluvialmergels aufzufassen sein.

Elfter Tag. In den Oberförstereien Proskau und Chrzelitz hatten wir es wiederum mit dem nordischen Diluvium zu thun. Schmale Streifen des Unteroligocän liegen nahe den Bestandesrändern auf der Stadtseite zwischen dem Alluvium der Proskau und dem Diluvium. In den von uns besuchten Nadelholzbeständen wurden ganz überwiegend lehmige und feinkörnige, hin und wieder etwas grandige Sande vorgefunden, ähnlich jenen verbreiteten Residuen, wie sie im norddeutschen Tiefland die Auswaschung des Diluvialmergels an der Oberfläche zurückläßt; ihre oberste Lage war oft bleigrau durch starke Beimengung organischer Substanz, theilweise auch waren sie moorig. Abweichend von der gewöhnlichen Schichtfolge fand sich an einer Stelle der Oberförsterei Chrzelitz als Unterlage des lehmigen Sandes ein ziemlich grobkörniger nordischer Diluvialsand. An diluvialen Geschieben wurden in beiden Revieren verschiedene Granite beobachtet, speciell im Proskauer noch ein grobkörniger Diorit und von Sedimentgesteinen Muschelkalk und grauer, glimmerhaltiger Sandstein, im Chrzelitzer Feuerstein und Hornblendeschiefer.

Zwischen Proskau und Oppeln treten mehrere Massen der turonen Kreide, von weißlichen oder hellgrauen Kalkmergeln gebildet, aus der diluvialen und tertiären Bedeckung dieser welligen Gegend hervor; aus solchem Mergel besteht auch der Untergrund der Ackerfelder in der nächsten Umgebung von Proskau. Weit bedeutender jedoch ist das nämliche Kreidegebilde bei Oppeln auf dem rechten Oderufer entwickelt, wo die betreffenden Kalkmergel in ausgedehntem Maße gebrochen und zur Cementfabrikation verwendet werden.

Wenig nordöstlich von Proskau befindet sich eine kleine Basaltpartie. Der Basalt hat hier den Kreidemergel durchbrochen, und ihn in eigenthümlicher Weise verändert und gewissermaßen hart gebrannt, indem er in ein festes, hornsteinartig aussehendes Gestein verwandelt erscheint.

Bemerkungen über die botanischen Ergebnisse der Herbstexcursion in Schlesien.

Referent: Prof. Dr. Hartig.

Die diesjährige forstliche Excursion in Schlesien bot durch die große Mannigfaltigkeit der Boden- und Bestandsverhältnisse, der Bodenerhebungen, Gebirgsarten rc. den Theilnehmern die günstigste Gelegenheit zu botanischen Studien. Inwieweit dieselbe bei dem schnellen Fortgange der Excursion hat benutzt werden können, wird aus den nachfolgenden Tagesberichten hervorgehen.

Da kaum eine Provinz in Preußen so gründlich von den Botanikern erforscht worden ist, als gerade Schlesien, so war auf wissenschaftlich neue Beobachtungen in floristischer Beziehung nicht zu rechnen.

Dagegen bot sich die Gelegenheit, ein reiches und höchst interessantes Material für pflanzenpathologische Arbeiten zu sammeln, wenn auch der Gesundheitszustand der Schlesischen Forsten im Allgemeinen ein weit günstigerer zu nennen ist, als der der Waldungen im Sächsischen Erzgebirge und im Harze.

Insbesondere zeigte sich Larix decidua in allen Lagen und Altersklassen völlig gesund und frei von Peziza Willkommii.

Abies pectinata leidet nur in höherem Maße durch Peridermium elatinum, einzeln auch durch Viscum album. Die im Erzgebirge so gefährlich auftretende Nadelschütte, welche durch Hypoderma nervisequium erzeugt wird, tritt hier nur sporadisch auf.

Fäulnißerscheinungen des Holzes sind an den Weißtannen nur

vereinzelt wahrzunehmen und stets durch solche Pilze veranlaßt, welche an Ast- oder Wundstellen eindringen, nämlich Trametes Pini, Polyporus igniarius und Polyporus pinicola.

Die Fichte Abies excelsa zeigt in einigen Gegenden, z. B. in der Oberförsterei Carlsberg, die Rothfäule in höherem Maße. Kleinere mitgenommene Holzstücke bewiesen, daß auch die Rothfäule der Fichte nicht immer dem Xenodochus ligniperda von Willkomm zugeschrieben werden kann.

An Fichtenstöcken fanden sich mehrfach Fruchtträger des Polyporus pinicola, und ist noch zu erforschen, in wie weit dieser Pilz bei der sog. Rothfäule der Fichte thätig ist. Pinus silvestris leidet vielfach durch Trametes Pini; es wurde auch Polyporus sinuosus in der Oberförsterei Grüssau an der Kiefer beobachtet.

Der Agaricus melleus ist in Schlesien nicht von so hoher Bedeutung, als in anderen Gegenden, doch war es interessant, hier mehrfach das Absterben über 100 jähriger Fichten und Tannen, einzeln und horstweise durch den genannten Wurzelparasiten zu constatiren. Nadelkrankheiten durch Chrysomyxa Abietis und Hypoderma macrosporum treten nur vereinzelt und ohne einen schädlichen Charakter anzunehmen auf.

Weniger erfreulich ist der Gesundheitszustand der alten Eichen in den Oberniederungs-Waldungen. Die so hochwichtige Frage über die Zulässigkeit der Eichen-Aestung wird erst dann gelöst werden können, wenn über den Charakter der Fäulnißprozesse der Eiche zuvor Klarheit erlangt worden ist.

Die seit Willkomm's Arbeiten über die Roth- und Weißfäule vielfach verbreitete Annahme, daß alle diese Fäulnißprocesse von einem Parasiten, dem Xenodochus ligniperda hervorgerufen würden, ist völlig irrthümlich.

Neben jenen Parasiten ist es eine ganze Reihe, meist den Hymenomyceten angehöriger Pilze, von denen jede eine charakteristische Fäulnißform hervorruft, nämlich:

Polyporus dryadeus
" sulphureus
" igniarius
" obliquus

Polyporus serialis
„ frondosus
Daedalea quercina
Fistulina hepatica
Thelephora quercina
„ cinerea
Dothidea melanops etc.

Welchem der vorgenannten Pilze ein parasitischer Charakter zuzuschreiben ist, ist gegenwärtig der Gegenstand eingehender Untersuchungen und Versuche.

Die Excursion durch Schlesien hat einen sehr reichen Beitrag geliefert zur wissenschaftlichen Erforschung der vorbesprochenen Frage.

Auch die Fäulnißprocesse im Holze der Rothbuche, Hainbuche und anderer Waldbäume werden durch ähnliche Pilze veranlaßt und bot die Excursion Gelegenheit, auch zur Bearbeitung dieser Erscheinungen Materialien zu sammeln.

Zoologische Beobachtungen

auf der akademischen Herbstexcursion vom 17. bis 27. August 1874 in den schlesischen Forstrevieren.

Referent: Prof. Dr. Altum.

Ein Referat über das auf einer solchen Excursion, gleichsam während eines unstäten Durchwanderns durch eine Gegend, beobachtete Thierleben, kann aus nahe liegenden Gründen sich nur auf Erwähnung von Einzelheiten erstrecken. Das Bild des Thierlebens einer Gegend ist nur nach langem Aufenthalte und ruhigem genauen Forschen zu jeder Jahreszeit daselbst, und auch dann nur annähernd zu gewinnen. Allein trotzdem werden, wenn es sich in erster Linie um die forstlich wichtige Seite des Thierlebens, besonders um die den Forstmann interessirenden Beschädigungen handelt, die ja mit den beschädigenden Thieren nicht verschwinden, in fremden Gegenden, unter fremden Verhältnissen solche belehrenden Einzelheiten in verhältnißmäßig großer Menge den vielen spähenden Augen sich bieten. In den Revieren mit äußerst fruchtbarem Auboden traten die thierischen Forstfeinde sehr zurück und es hielt schwer, dort eine irgend wichtige Beschädigung zu entdecken. Auch dieses negative Resultat möchte nicht ohne Interesse sein. Die beobachteten Einzelheiten sind nun nach den Thieren geordnet folgende.

Säugethiere.

Das Eichhörnchen
(Sciurus vulgaris).

Der bekannten Gewohnheit des Eichhörchens gemäß, sich in den Nadelholzrevieren vorzugsweise von dem Samen dieser Hölzer zu ernähren, konnten wir in den Fichtenrevieren Schlesiens in dem gegenwärtigen äußerst zapfenreichen Jahre nur erwarten, die Zerstörung der Zapfen überall in großer Menge anzutreffen. Die je nach der Reife der Zapfen mehr oder weniger entschuppten Schindeln nebst unzähligen Schuppen bedecken alsdann in Nadelholzrevieren die ganze Waldfläche und zeigen sich stellenweise unter einzelnen Samenbäumen in Masse angehäuft. Der Fichtensame wird von ihm in größter Menge verzehrt. Es ist so begierig nach demselben, daß es oft genug die Zapfenreife nicht annähernd erwarten kann. Es schneidet gänzlich unreife Zapfen ab, um sie dann sofort als ungenießbar zu Boden zu werfen. Hunderte von solchen nur abgeschnittenen, sonst aber intacten Zapfen lassen sich unter wenigen Stämmen zusammenlesen. Man würde über die Thäterschaft im Zweifel bleiben können, wenn nicht einzelne Zapfen durch anderweitige Nagespuren an den Schuppen das Eichhörnchen denuncirten. Allein unsere somit vollauf berechtigte Erwartung fand sich in dem ganzen Excursionsgebiet nicht bestätigt. Nur selten wurden einzelne zernagte Zapfen ab und zu aufgefunden. Ein anderer Fichtenzapfenfeind (Pyralis abietella) war nämlich dem Eichhörnchen zuvorgekommen, nur ausnahmsweise fand sich hier und da noch ein gesunder, nicht wurmstichiger Zapfen.

Die Eichhörnchen selbst waren im scharfen Gegensatze gegen ihr sonstiges Auftreten in den von uns besuchten Fichtenrevieren in diesem Herbst daselbst so selten, daß kein einziges Individuum von uns in irgend einem Reviere gesehen ist.

Die Annahme einer zeitweisen Auswanderung lag nahe. Solche Ortswechsel durch Nahrungsverhältnisse veranlaßt, sind ja für diesen Nager bereits vielfach constatirt. Dagegen lagen im Reviere Peisterwitz und zwar in der parkartigen Waldpartie Ritscheberg, woselbst eine Gruppe starker samentragender Weymouthskiefern, deren Zapfen von abietella nicht befallen waren, stand, sämmtliche, wenngleich noch gänzlich unreife Zapfen von ihm zerschrotet in größter Menge unter der Schirmfläche der Bäume am Boden.

Die Wühlratte
(Arvicola amphibius).

Nur in dem Reviere Zedlitz zeigte sich der bekannte und sehr charakteristische Fraß dieses schädlichen Nagethieres mäßig stark in Eichenreihensaaten. Stämme von und über Heisterstärke standen einzeln zwischen den übrigen vertrocknet nur lose im Boden. Am Wurzelknoten waren sie in der hinreichend bekannten Weise von dem Nager abgeschnitten.

Die gemeine Feldmaus
(Arvicola arvalis).

Auch von diesem Nagethiere waren nur in demselben Reviere Zedlitz, und zwar in jüngeren Buchenschonungen einzelne, theils ältere, theils aus dem letzten Winter, bez Frühling herstammende Beschädigungen aufzufinden. Die Verhältnisse, unter denen sich der Fraß dort zeigte, entsprachen genau den bekannten Bedingungen, unter denen die Feldmaus den Schonungen und Culturen schädlich zu werden pflegt. Die Stämmchen waren am Wurzelknoten so hoch hinauf als der Gras- und Krautwuchs Deckung bot (eine Hauptbedingung), theils geplätzt theils völlig geringelt und in verschiedenem Grade des Absterbens begriffen.

Das Wildschwein
(Sus scrofa).

Im Reviere Proskau überraschten und störten wir eine Rotte Schwarzwild, welche gerade damit beschäftigt gewesen war, eine Kiefernschonung durch tiefes, stellenweise 0,3 m. tiefes Brechen an einer Stelle, woselbst der Adlerfarn (Pteris aquilina) in Menge wächst, zu ruiniren. Wir sahen die Rotte noch fliehen. An jener etwa 0,2 Hektar großen Stelle war durch das Brechen Alles wüst verworfen, viele Stämme unterhöhlt und mit mehr oder weniger entblößten Wurzeln halb niedergelegt, sogar gänzlich geworfen. Es bot diese Fläche ein Bild, als wenn Arbeiter mit Hacke und Spaten in der rohesten, unordentlichsten Weise dort gewirthschaftet hätten. Nach Aussage der anwesenden Förster hatte die Rotte nach den Wurzeln des Adlerfarns gebrochen. Alles sprach dort für die Richtigkeit dieser Behauptung. In der bezeichneten Tiefe konnte sich daselbst kaum eine andere Lieblingsäsung für das Schwarzwild finden.

Vögel.

An Hochgebirgsvögeln wurden nur die Steinmerle (Petrocossyphus saxatilis) auf dem Gerölle der Schneekoppe und der Wasserpieper (Anthus aquaticus) in den Regionen des Krummholzes ebendaselbst angetroffen.

In den Fichtenrevieren belebte bis zur Höhe der Bestandesgrenze überall das feuerköpfige Goldhähnchen (Regulus ignicapillus) nebst den betreffenden Meisenarten die Zweige.

Von Zeisigen (Fringilla spinus) machte sich am frühen Morgen des 21. August bei Weckelsdorf ein Schwarm bemerklich; hier trieb sich auch das einzige Exemplar der Gebirgsbachstelze (Motacilla boarula), was wir überhaupt antrafen, umher. — Auffallender Weise ist nirgends auf der ganzen Excursion ein Wasserschwätzer (Cinclus aquaticus) beobachtet.

Von den beiden Formen der gemeinen Krähe, der schwarzen und der grauen, scheint in ganz Schlesien nur die letztere (Corvus cornix) vertreten zu sein. In den Gebirgspartieen fehlte auch diese. Nur sehr weite Thäler mit mehreren Ortschaften wurden in den gebirgigen Gegenden von einem oder anderen Paare bewohnt. Die erste sahen wir am 21. August in der Nähe von Wünschelburg.

Die Anwesenheit von Auerwild (Tetrao urogallus) wurde am 19. in der Oberförsterei Grüssau, und vom Haselwild (Tetrao bonasia) am 21. in der Oberförsterei Carlsberg durch aufgefundene Federn constatirt.

Der Schwarzspecht
(Picus martius).

Eine Haupt- und Lieblingsnahrung des Schwarzspechtes bilden die größeren Ameisen. Er sucht dieselben jedoch weniger wie der Grün-

Fig. 1.

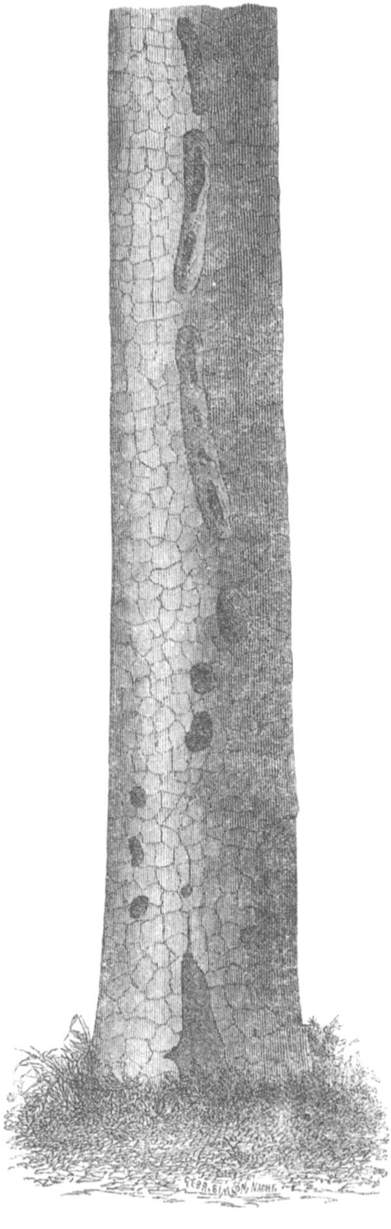

specht, aus bodenständigen Nesthaufen, sondern pflegt sie meist aus Stöcken und Stämmen zu hacken, woselbst sie ihre Wohnung aufgeschlagen haben. Die Riesenameisen (Formica herculeana und ligniperda) sind es nun vorzugsweise, welche sich zuweilen in Nadelholz- (Fichten- und Tannen-) Stämme hineinarbeiten und dieselben, den Jahrringen folgend, aushöhlen. Flaumiges Nagemehl bekundet von außen ihre Thätigkeit im Innern des Baumes. Die Kolonie vermehrt sich hier oft zu Tausenden von Individuen. Nicht blos kernfaules, sondern gänzlich gesundes Holz vermögen sie zu zernagen. Die kleineren Arten finden wir nur in bereits morschem Material, namentlich in Stöcken, welche sie etagenförmig durchlöchern. Solche stark besetzten Ameisenstämme, wie sie sich in Fichtenrevieren einzeln finden, werden nun vom Schwarzspecht auf diese seine Nahrung in einer oft überraschend starken Weise angeschlagen. Im Revier Grüssau fanden wir außer einem schwächer beschädigten Stamme einen zweiten (Fig. 1) an, welcher bis auf 4 m. Höhe nicht nur einzelne, wie gewöhnlich, mehr oder weniger rundliche Spechtlöcher, sondern drei gegen 0,15 m. tiefe Längsaushöhlungen (die eine 0,4 m. lang) zeigte, von deren Boden aus der Specht wiederum stellenweise bis tief ins Innere des Stammes gemeißelt hatte. Diese großartigen Verwundungen werden schwerlich zur erheblichen Verminderung oder gar Vernichtung der Ameisen im Innern gereichen. Das fortwährend noch in Menge ausgeworfene Nagemehl beweist dieses. Die mächtigen Arbeiten des Spechtes lassen sich daher wohl nicht als eine besondere Wohlthat für den von innen wie außen mißhandelten Stamm ansehen.

Ein ähnliches, wenngleich weit weniger vom Spechte bearbeitetes Stammstück einer Fichte fanden wir als Merkwürdigkeit später (am 23.) im botanischen Garten zu Breslau aufgestellt. Auf dem Blechschilde waren Grünspecht und großer Buntspecht (Picus viridis und maior) als die Thäter vermerkt. Gegen beide lassen sich jedoch ganz erhebliche Zweifel geltend machen. Der Grünspecht nimmt, wie gesagt, seine beliebte Ameisennahrung fast nur vom Boden, hackt überhaupt nur selten in Holz und dann meistens in Weichhölzer, etwa Pappeln, nach irgend einer größeren Larve. Am liebsten ist es ihm, wenn er nahe am Erdboden eine solche, z. B. die von Saperda carcharias, entdeckt. Schwerlich wird er je Fichtenstämmen solche Wunden beibringen. Der große Buntspecht aber verschmähet überhaupt Ameisen, vielleicht, daß er sie beim Mangel an besserer Nahrung mal einzeln verzehrt. Zudem ist sein kurzer Schnabel für eine, wie die in Rede stehende Holzarbeit ein durchaus ungeeignetes Organ.

Der Fichtenkreuzschnabel
(Loxia curvirostra).

Der Fichtenkreuzschnabel, die schwächere unserer beiden Arten, ist nicht im Stande, die festen Kiefernzapfen nach deren Samen aufzubrechen. Er kann nur die Fichtenzapfen bewältigen, ist folglich von allen Kiefernrevieren ausgeschlossen, auf die Fichtenreviere angewiesen, vagabundirt, je nachdem in den verschiedenen Gegenden Zapfen auftreten oder fehlen, oder verläßt beim Mangel derselben in weiter Ausdehnung auch wohl ganz die Heimath, um sich plötzlich dort truppweise zu zeigen, wo er sonst gänzlich unbekannt ist. Allerhand Beeren, sogar Blattläuse bilden dann seine Nahrung. Trotz des gegenwärtigen überreichen Zapfenjahres fanden wir nur wenige, von ihm bearbeitetete Zapfen im Revier Grüssau und zwar nur alte, die vielleicht schon zwei Jahre am Boden gelegen haben mochten, später einen einzigen, halb ausgewachsenen, von ihm aber nur sehr schwach

Fig. 2.

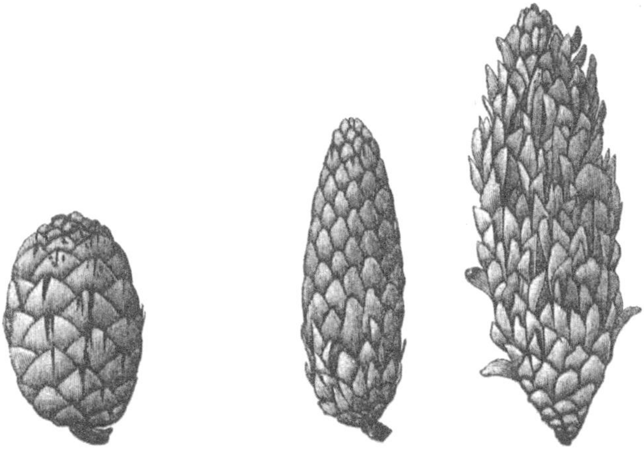

Zwei Fichtenzapfen ($^1/_2$ nat. Gr.), der ausgewachsene sehr stark, der noch unreife schwach vom Fichtenkreuzschnabel bearbeitet. (Revier Grüssau.) Desgleichen ein Lärchenzapfen ($^1/_1$ nat. Gr.) (Revier Chrzelitz).

angegriffenen Zapfen. Der Vogel selbst machte sich nirgends bemerklich. Offenbar hatte auch ihm, wie dem Eichhörnchen, der colossale Fraß der Fichtenzapfenmotte (Pyralis abietella) den Aufenthalt hier verleidet. Dagegen lag in einem, aus Kiefern, Weymouthskiefern und Lärchen gemischten Bestande in der Oberförsterei Chrzelitz unter den letzteren eine äußerst große Menge von ihm abgebrochener und bearbeiteter Zapfen. Die durch ihn bewirkte Beschädigung der Zapfen ist sehr leicht kenntlich und mit keinem anderen Fraße zu verwechseln. Er spaltet nämlich die einzelnen Schuppen von ihrer Spitze her der Länge nach einmal und zwar in der Mitte, oder auch wohl zweimal und dann zu beiden Seiten. Seine Arbeit sieht als mit einer Scheere ausgeführt aus. An den Lärchenzapfen sieht man außerdem auch vom Eingreifen seiner Schnabelspitze herrührende feine Löcher, wie Nadelstiche, doch mit weniger scharfen, mit unreinen, etwas kantigen Rändern.

Der Kiefernkreuzschnabel
(Loxia pityopsittacus).

Diese dickköpfige kräftige Spezies vermag es, die äußerst festen Kiefernzapfen zu öffnen und lebt deshalb gern, jedoch ebenfalls zigeunerartig, in Kiefernrevieren. Die Schuppen werden in der Regel von der Basis des Zapfens angefangen partieenweise aus der Achsel gebrochen und dabei manche unregelmäßig der Länge nach zerrissen. Selbstredend sind ihm auch die Fichtensamen zugänglich und die Fichtenreviere nicht verschlossen. Wir fanden jedoch nur einen einzigen, ebenfalls alten, von ihm zerbrochenen Fichtenzapfen in der Oberförsterei Grüssau am Boden. Der Fraß von Pyralis abietella hatte auch ihn ohne Zweifel vertrieben. Seine Arbeit an demselben ist von der seines schwächeren Verwandten auffallend verschieden. Er bricht die Schuppen quer ab, jener schneidet sie der Länge nach ein. Seine Beschädigung an den Kiefernzapfen beruht auf gleicher Manipulation, obgleich das Bild eines von ihm ruinirten Kiefern- und eines Fichtenzapfens höchst abweichend erscheint. Er greift die einzelne Schuppe eines Fichtenzapfens unmittelbar über dem Samenlager und bricht resp. schneidet sie dort scharf quer durch, jedoch bleibt der Schnitt an der inneren Schuppenfläche etwas zaserig. Seine Arbeit in Fichten- wie in Kieferrevieren ist somit ebenfalls äußerst charakteristisch, so daß man über den Thäter betreffs der am Boden liegenden zerstörten Zapfen nie im Zweifel zu sein braucht.

Fig. 3.

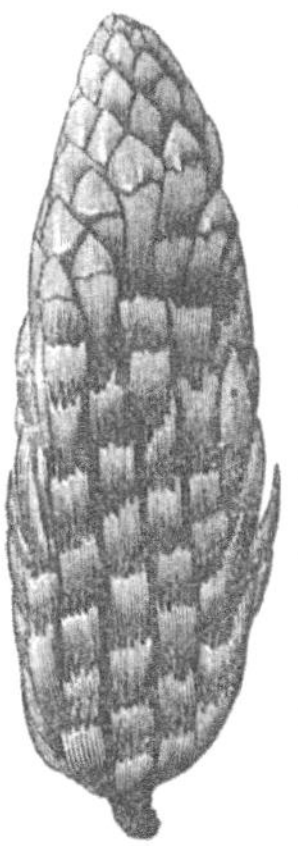

Fichtenzapfen (1/2 nat. Gr.) vom Kiefernkreuzschnabel beschädigt.

Der Kernbeißer
(Fringilla coccothraustes).

Es ist freilich durchaus nicht unbekannt, daß der Kernbeißer auch Ebereschenbeeren angeht. Er fängt sich sogar einzeln in mit solchen für Krammetsvögel beköderten Dohnen. Allein auffallend erschien es uns doch, als in der Oberförsterei Cosel der Boden unter einzelnen am Wege stehenden Ebereschenbäumen roth bedeckt war mit den Hüllen der Beeren, welche vom Kernbeißer ihrer Samen beraubt waren. An irgend ein anderes Thier war dabei nicht zu denken.

Insecten.

Im Allgemeinen zeigte sich unser Excursionsgebiet sehr arm an Insekten. Die, oft so ausgezeichneten Bodenverhältnisse und die üppige Vegetation, der diesjährige äußerst unfreundliche naßkalte, windige Vorsommer, sowie auch die späte Jahreszeit der Excursion werden diese Insectenarmuth bedingen. Auch waren einige Regentage uns für Auffinden mancher Spezies ungünstig.

a. Käfer.

Borkenkäfer.

Zwischen dem massenhaften Erscheinen der bestandesgefährlichen Raupen und der meisten Borkenkäfer macht sich bekanntlich ein wirthschaftlich höchst wichtiger Unterschied betreffs ihres Fraßes bemerklich. Die Raupen vermehren sich, verschwinden wieder und bleiben oft Jahre lang verschwunden oder wenigstens auf eine für die Wirthschaft völlig indifferente Anzahl beschränkt, obschon die passendste Nahrung bez. Brutmaterial an diesen Stellen oder in der Nachbarschaft völlig ausreichend, ja in großer Ausdehnung vorhanden ist. Die Borkenkäfer dagegen, wenigstens gerade die am meisten gefürchteten, steigen und fallen in ihrer Menge genau mit ihrem Brutmateriale. Dieses besteht nämlich für diese Arten nicht in den frohwüchsigen, saft- und terpertinreichen Stämmen der Bestände, sondern setzt immer einen gewissen Kränklichkeitsgrad, wodurch die ihnen widerwärtige, ja der Brut perniciöse Saft- und Terpentinfülle vermindert wird, voraus. Wo nun solches Material durch irgend welche Beschädigung, etwa Wind oder Schneebruch, Dürre, Blitzschlag entsteht, da wimmelt es schon in der nächsten Zeit von diesen Feinden. In Masse fliegen sie an die einzelnen kränkelnden Stämme aus nah und fern an, ja wissen einen einzigen solchen Stamm im Bestande sofort ausfindig zu machen, vermehren sich hier in rascher Progression und können erst dann auch Verderben über viele der gesunden Stämme, sogar über den ganzen Wald herbeiführen. Es kommt gegen sie deshalb Alles darauf an, dieses erste Brutmaterial so rasch als möglich zu entfernen. Von jener Thatsache aber, daß sich diese Forstfeinde auf die einzelnen durch irgend eine Calamität zu Brutplätzen hergerichteten Stämme concentriren, wurden uns auf der Excursion an den verschiedensten Punkten die augenfälligsten Beispiele in Menge geboten. Bald war es der Sturm gewesen, welcher einzelne oder viele Stämme geworfen oder stark geschoben, bald den Wurzelpilz (Agaricus melleus), der diesen oder jenen Stamm ergriffen hatte. Alle diese zeigten sich fast ganz mit den betreffenden Bostrichiden, die Fichten mit Bostr. typographus, einzelne Tannen mit Bostr. curvidens dicht besetzt. Wo hingegen Flächen mit gesunden Stämmen abgetrieben wurden, war unter der Rinde, welche Lohschäler entfernten und in Haufen stellten, auch nicht ein einziger Borkenkäfergang zu entdecken. — Noch möge bemerkt werden, daß B. typographus sich im Reviere Reinerz, wie übrigens auch anderswo, gern auch in Lärchen ansiedelt. Die Gänge vom B. curvidens sind in zahlreichen Fällen so wenig „doppelarmige Wagegänge," daß die Determination des Fraßes an einem Stamme für manche Theilnehmer der Excursion anfänglich zweifelhaft war.

Bostrichus lineatus.

Die Stöcke der eingeschlagenen Fichten bleiben in den von uns besuchten Revieren mehrere Jahre stehen, bevor sie gerodet werden.

Fig. 4.

Fichtenstock mit Gängen von **Bostrichus lineatus.**

Im Anfange dieser Zeit bilden sie das ausgewählteste Brutmaterial für Bostrichus lineatus. In den meisten Fällen nagt aus bis jetzt noch nicht aufgeklärter Ursache (vielleicht wegen noch zu großen Andranges von Saft und Terpentin), der Mutterkäfer seinen Gang, nachdem er sich durch die Rinde bis auf den Splint eingebohrt, horizontal durch den äußersten Splintring, so daß nach späterem Abfallen der Rinde der Holzkörper mit zahlreichen, mehr oder weniger horizontal verlaufenden, scharfen und einfachen Gängen versehen ist (Fig. 4). Diese auf den ersten Blick räthselhafte Erscheinung, welche nichts weniger als die Arbeit von Bostr. lineatus zu sein scheint, fand ihre richtige Würdigung durch mehrfach aufgefundene Uebergangsformen von diesen flach verlaufenden Gängen bis zur Normalform. Solche Mittelformen waren keineswegs häufig, sondern nur ab und zu an einzelnen Stöcken aufzufinden, dagegen Normalgänge fast eben so zahlreich als jene ganz äußerlichen Splintfurchen. Letztere entsprechen nur dem ersten Theile, dem Einbohrloche eines normalen lineatus-Fraßes. Der hintere Theil, welcher die leitersprossenähnlich gestellten Larvengänge, oder vor Entwicklung der Larven oder überhaupt beim Fehlen der Brut wenigstens die alternirend gestellten Eiergrübchen enthält, ist an jenen nicht hergerichtet. Nur wenn der flache Gang sich gegen sein Ende ins Innere des Stockes einbog, waren Eiergrübchen, sogar wohl Leitersprossen bemerklich. Eine vollgültige Erklärung über den Grund des so abnorm flach, im äußersten Splintringe verlaufenden Bohrganges möchte schwerlich gegeben werden können. Doch läßt sich folgendes anführen. Es ist bereits als sicher constatirt, daß sich Bostr. lineatus nur im saftarmen Holze direkt auf die Längsachse des Stammes einbohrt, dagegen zur Seite ausbiegt, wenn ihm noch zu saft- oder terpentinreiche Schichten im Innern begegnen. In diesem Falle folgt er den Jahresringen der letzten ihm noch zusagenden Schicht. Auf diese Thatsachen gestützt, möchte für unsere gänzlich flachen, nach Entfernung der Rinde freiliegenden, horizontalen Splintgänge als Erklärung die Annahme gerechtfertigt erscheinen, daß diese Gänge von solchen Weibchen herrühren, welche im ersten Frühlinge anfliegend nach dem Aufthauen des gefrorenen Holzsaftes noch eine so große Menge Feuchtigkeit vorfinden, daß sie durch die Rinde auf den Splint gelangt, sofort zum seitlichen Abbiegen veranlaßt werden. Die selteneren Mittelformen würden als die Arbeit von Nachzüglern, die Normalbohrform als die der Käfer zweiter Brut (etwa aus dem Juli) anzusprechen sein. In der Oberförsterei Carlsberg fanden wir auch den Stumpf einer mäßig starken entrindeten Birke mit solchen freiliegenden horizontalen Gängen ziemlich dicht besetzt. Da lineatus die Birke sehr gern annimmt, so ist seine Thäterschaft auch hier wohl kaum zu bezweifeln. — Jene Stöcke auf den Abtriebsflächen sind folglich als „wirthschaftliches Brutmaterial" für diesen schädlichen Nutzholzkäfern anzusehen, deren möglichst rasche Entfernung im forstlichen Interesse geboten erscheinen möchte.

Bostrichus chalcographus.

Diese Borkenkäferspezies hauset bekanntlich in der Fichte nur unter der noch dünnen, gelben Rinde; findet sich folglich nur an schwächerem Materiale, an Stangen, stärkeren Zweigen, oberen Stammtheilen. Wider Erwarten wurden von dieser, durch ihre hübschen Sterngänge so leicht und sicher zu entdeckenden Spezies in dem ganzen Excursionsgebiet nur vereinzelte Spuren aufgefunden.

Bostrichus autographus.

Auch dieser, kaum merklich schädliche, weil durchaus nur sekundär auftretente Borkenkäfer wurde nur ein oder anderes Mal in sehr wenigen Exemplaren erbeutet. Seine Gänge sind eben wegen seines so ausgeprägt sekundären Auftretens kaum zu erkennen und folglich schwer zu entdecken. Wo er hauset, ist in der Regel bereits Alles anderweitig durchwühlt.

Hylesinus polygraphus.

Seine Gänge, Mutter- wie namentlich Larvengänge, an der Fichte liegen stückweise in der Borke und auf der Bastseite, folglich nicht in derselben Mantelebene. Dieser von der Bastseite her gesehene intermittirende Verlauf derselben charakterisirt sie leicht und bestimmt. Wir fanden den Fraß, ohne jedoch die betreffenden Käfer zu entdecken, im Revier Grüssau an einigen Stangen, welche ziemlich dicht mit denselben besetzt waren. Er soll meist in Begleitung anderer Borkenkäfer auftreten, was freilich hier nicht der Fall war.

Melolontha vulgaris.

Ueber Maikäferschaden hörten wir wenig Klage. Nur im Mechnitzer Oberwald war ein ziemlich starker Larvenfraß an jungen Eichen empfindlich gewesen. Der untersuchte Fraß stammte jedoch aus einem früheren Jahre.

Hylobius abietis L.
(pini Rtzb.)

Der große braune Rüsselkäfer wird auch in jenen Revieren den Culturen stellenweise verderblich. In einer Höhenlage von etwa 700 m. sucht man die neuen Culturen durch ausgelegte Fangrinden zwei Jahre hindurch von ihm mit Erfolg zu befreien. Andere Gegenmittel werden daselbst nicht angewendet. In noch bedeutenderer Höhe, etwa bei 800 m., verliert er seine wirthschaftliche Wichtigkeit allmählich ganz, da er sich dort nur mehr in einzelnen Individuen vorfindet und schließlich gänzlich verschwindet.

Otiorhynchus ater.

Einige wenige Exemplare dieses Rüsselkäfers wurden zufällig in Fichtenculturen als spärliche Nachzügler aufgefunden. Nach Angabe der Beamten im Reviere Grüssau ist er noch hoch im Gebirge ein gefürchtetes Insect. In einer Höhenlage von 1070 m. benagt er daselbst noch die neuen Fichtentriebe auf den Culturen und vermag dieselben zum Absterben, häufiger zum Kränkeln zu bringen.

Orchestes fagi.

Eine forstliche Wichtigkeit ist diesem kleinen Springrüsselkäfer im Allgemeinen wohl kaum beizulegen. Nur dort, wo er zeitweise in so ungeheurer Menge auftritt, daß er an den Buchen zahllose Blattspitzen zerstört, wird der Zuwachs etwas beeinträchtigt werden. In unserem Excursionsgebiet hatte er auf allen Standorten der Buche seine Spuren zurückgelassen, ohne irgend wo in Menge aufgetreten zu sein. Mit zunehmender Höhe wurden diese Spuren fortschreitend spärlicher, verschwanden jedoch in keiner Region völlig.

Callidium luridum.

Dieser kleine variabele, den Fichten bekanntlich verderbliche Bockkäfer wird in den schlesischen von uns besuchten Revieren schwerlich irgend wo in bedeutender Menge auftreten. Wenigstens konnte von der dortigen Forstbeamten nichts Näheres über denselben und sein Vorkommen angegeben werden. Jedoch fanden wir ein kleines schwarzes Exemplar auf dem ausgeflossenen Harze einer beschädigten Fichte im Grüssauer Revier.

Lamia textor.

In dem Revier Cosel war eine früher üppige Cultur von Salix caspica in diesem Jahre ausgegangen. Man schrieb dieses einzig der vorhergegangenen Dürre zu. Die genauere Untersuchung führte jedoch zur Entdeckung eines zweiten Feindes. Von fünf mit ihrem Wurzelstocke ausgegangenen Büscheln dieser Sandweide zeigten drei in den Stecklingen einen sehr bedeutenden Insectenfraß. Der betreffende Steckling war nämlich fast seiner ganzen Länge nach in einem breiten, scharfrandigen unregelmäßigen Gange, dessen Gestalt sofort auf eine Bockkäferlarve schließen ließ, ausgefressen und mit Wurmmehl dicht gefüllt. Gar bald zeigte sich dann auch eine dieser Larven und zwar als die einer größeren Bockkäferart. Die Species läßt sich vor der

Fig. 5.

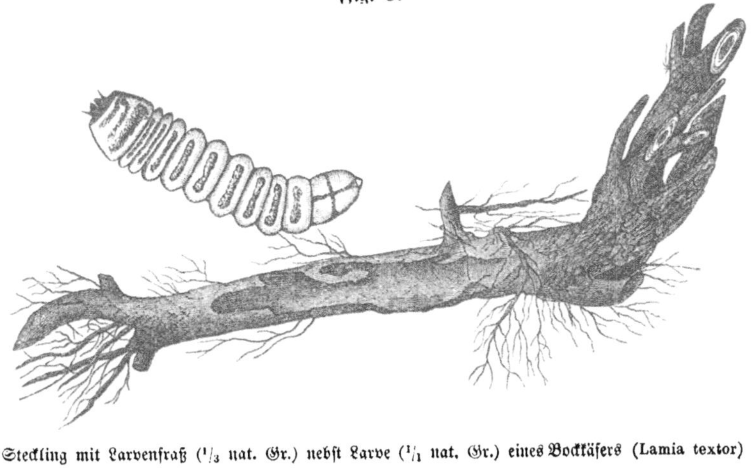

Steckling mit Larvenfraß (1/3 nat. Gr.) nebst Larve (1/1 nat. Gr.) eines Bockkäfers (Lamia textor)

Hand mit Sicherheit nicht bestimmen. Allein wahrscheinlich wird sie dem Cerambyx (Lamia) textor angehören. Abgesehen von der für diese Species sprechenden plumpen Gestalt, ist neuerdings im Reg.-Bez. Aachen textor als Feind der Stecklinge in Weidenculturen bekannt geworden. Außer dieser Species könnte nur an den gleichfalls in Weiden hausenden Moschusbock (Cerambyx moschatus) noch gedacht werden. Allein seine Larven gleichen dieser nicht. Ich kenne sonst den textor allerdings nur aus oberirdischen starken Zweigen (Salix caprea) und so ist der unterirdische Aufenthalt unseres Culturverwüsters allerdings sehr auffallend. Allein die oberirdischen Ruthen sind für ihn viel zu schwach. Der Käfer hatte allerdings das Ei unten an eine der stärkeren Ruthen abgelegt, die Larve sich jedoch schon in ihrer ersten Jugend, wie solches das Fraßstück zeigt, durch die Markröhre absteigend in den Steckling begeben und fand hier den nothwendigen Raum für ihre fernere Entwickelung. Diese ist nun wohl bis zur normalen Größe gediehen, so daß die Verpuppung im nächsten Frühlinge und das Erscheinen des Käfers Anfangs Sommer erwartet werden kann.

Von den ferner aufgefundenen, forstlich kaum wichtigen oder gänzlich indifferenten Käfern mögen noch folgende erwähnt werden:

Molytes germanicus (unsere größte Rüsselkäferart; wenige Exemplare);

Sinodendron cylindricum (untere Rinde an einem älteren Buchenstock);

Phyllobius sp. (ziemlich viele, alte, abgeriebene Stücke; die Blätter von Sorbus und namentlich Rubus streifig benagend, bez. skeletirend);

Trichius fasciatus (einzeln auf Blüthen);

Leptura rubrotestacea und

Pachyta octomaculata (beide auf Blüthen);

Chrysomela gloriosa (häufig auf Valeriana und anderen Kräutern);

Chr. viminalis (stellenweise häufig auf Weiden);

Chr. tremulae (zahlreich Blätter von Stockausschlag skeletirend);

b. Falter.

Pyralis abietella.

In allen von uns besuchten Fichtenrevieren trat diese Motte in wahrhaft ungeheuerer Anzahl auf. Fichtenzapfen scheinen ihre Hauptbrutstätte zu sein, und diese zeigten sich von der Raupe derselben bewohnt vom niedrigsten bis zum höchsten Standorte der Fichte.

Fig. 6.

Pyralis (Phycis) abietella nebst Fraß.

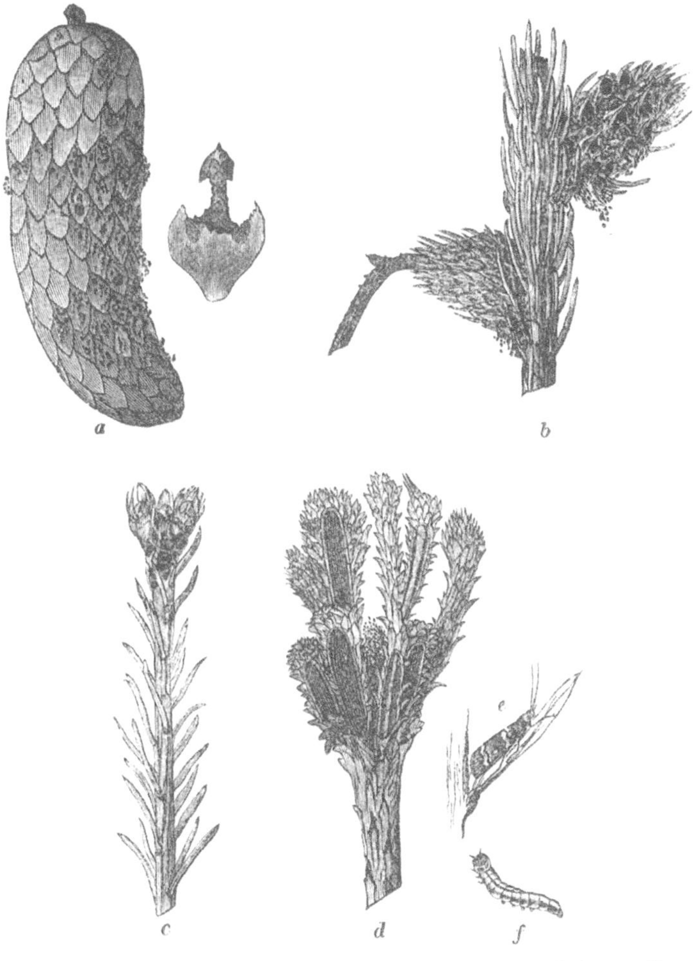

a) Fichtenzapfen ($^1/_2$ nat. Gr.) nebst einzelner Schuppe ($^1/_1$ nat. Gr.). b) Gallen von Chermes abietis von der Raupe bewohnt ($^1/_2$ nat. Gr.), c) bewohnter Tannen-, d) desgl. Fichtentriebe ($^1/_2$ nat. Gr.), e) Motte, f) Raupe ($^1/_1$ nat. Gr.)

Tausende von wurmstichigen Zapfen lagen am Boden, und diejenigen, welche noch an den Zweigen hingen, waren gleichfalls fast sämmtlich mit ihr besetzt. Die erwachsene Raupe hat eine Länge von etwa 2,5 cm., ihre schmutzig-fleischfarbene, seltener grünliche Färbung ist durch einen schmalen tiefer grauen Rückenstreifen und zwei breitere ähnliche Seitenstreifen unterbrochen. Sie benagt im Innern des Zapfens zumeist und am stärksten seitlich die Basis der einzelnen Schuppen und verzehrt häufig auch die Samen. Beinahe alle am Boden liegenden Zapfen waren ganz gebräunt, ihre stark benagten Schuppen begannen von der Basis her abzufallen, der grobkrumige Koth war fleckweise reichlich zwischen den Schuppen herausgetreten und bedeckte oft ganze Partieen; Harzaustritt fand weniger häufig statt. Manche hatten, wie die durch die Schuppenspitzen genagten kreisrunden Löcher zeigten, ihre Bewohner bereits zur Verpuppung entweichen lassen. Die Durchschnittszahl der Raupen eines jeden Zapfens scheint nach dem untersuchten Materiale fünf gewesen zu sein; in mehreren fanden sich bis acht Raupen vor. Die noch an den Zweigen hängenden Zapfen trugen die bräunliche Färbung, wie in einzelnen Fällen auch am Boden liegende, nur stellenweise in einer oder anderen größeren Partie. Harzausfluß und Verkrümmung trat nicht regelmäßig auf, doch zeigte sich stets der massenhaft sich hervordrängende Koth. Bohrlöcher, aus denen die Raupen bereits entkrochen waren, wurden an diesen noch nicht bemerkt. Auf Grund der diesjährigen Erscheinungen sind die Termine für die einzelnen Entwickelungsphasen dieser Motte, abweichend von manchen Angaben in den Büchern, folgende: Flugzeit der Motte im Juni (schätzungsweise), zur selben Zeit Ablegen der Eier an die neuen Zapfen; Fraß der Raupe von Juni oder Juli bis in den September. Alsdann verläßt sie ihre bisherige Wohnung, begiebt sich auf den Boden und spinnt daselbst zwischen der Bodendecke ein flaches, fast kreisrundes, mit etwas Erde oder anderen Bodentheilchen vermischtes Cocon. In diesem Gespinnste überwintert sie als Raupe und verwandelt sich erst im nächsten warmen Frühlinge, etwa April oder Mai zur Puppe, aus welcher dann im Juni der Falter hervorgeht.

Vorhin bereits gemachte Andeutungen mögen hier wiederholt werden, daß nämlich Pyralis abietella in dem laufenden Sommer in den schlesischen Fichtenrevieren in so colossalen Massen als Zapfenverwüster auftrat, daß Eichhörnchen und Kreuzschnäbel ihre ausreichende Nahrung zu finden nicht im Stande waren. Wenigstens haben wir keins dieser Thiere gesehen oder gehört und ihren Fraß nur äußerst selten aufgefunden. Beide haben sich vor der Motte zurückgezogen. Nur ausnahmsweise wird sich ein so ausgedehnter und intensiver Fraß in jenen Fichtenrevieren zeigen. Manche Forstbeamte zeigten uns die stark befallenen Zapfen als etwas Neues, Unbekanntes vor.

Außer dem Zapfenfraß wird für Pyralis abietella auch ein Fraß im Innern der Fichten-, sogar Tannentriebe angegeben (Fig. 6). Diese Triebe, oder vor ihrer Entwickelung die Knospen, werden statt der Zapfen belegt und vom Räupchen bis auf die Epidermis ganz oder zum Theil ausgehöhlt. Dieser Fraß scheint als Surrogat in zapfenlosen Jahren aufzutreten. Außerdem nimmt der Falter auch die zapfenförmigen Gallen von Chermes abietis (Fig. 6) an, welche die Raupe erst vollständig aushöhlt. Auf der Excursion war von solchem Fraße nichts zu entdecken. Die Fraßstücke, welche mir vorliegen, ließen auch dann kaum einen Zweifel an der Richtigkeit der Behauptung aufkommen, wenn nicht, wie mehrfach geschehen, aus allen abietella erzogen wäre. Wenigstens sind die an allen diesen Objecten aufzufindenden, zum Theil sogar angehäuften Kothklümpchen in nichts von denen, welche zwischen den Zapfenschuppen hervortreten, zu unterscheiden. Die Stärke des Fraßes in den Trieben spricht gleichfalls für abietella.

Bei genauerer Untersuchung der mitgenommenen Zapfen wurde nachträglich noch eine kleinere, etwa 1 cm. lange, weißliche Raupe in einzelnen Exemplaren in denselben vorgefunden, augenscheinlich die die von Tortrix strobilana. Somit hat auch der Zapfenwickler wenigstens einigen Antheil an der diesjährigen ungeheueren Zapfenverwüstung in den Fichtenrevieren Schlesiens genommen.

Pyralis tumidella.

Diese, bisher in der Forstzoologie noch unbekannte Motte verdient jedenfalls der Erwähnung, wenngleich ihr eine wichtige Bedeutung wohl kaum beigelegt werden kann. Ihre Größe (18—20 mm.) steht der der bekannten abietella wenig nach; Vorderflügel grauviolett, das Basaldrittel durch eine weiß-schwarze, etwas gewellte Querbinde begrenzt, im Mittelfelde nach oben und außen gerückt zwei feine schwarze Punkte, und von der Spitze zieht sich schräg nach innen und unten ein tief violetter, dunkler beginnender, aus (zuweilen undeutlich verschwommenen) Wellenstreifen zusammengesetzter Wisch; Hinterflügel grau. Flugzeit Ende Mai, Anfangs Juni. Die Raupe dieser Art lebt auf jungen Eichen bis zu etwa fast Heisterstärke an den Spitzentrieben. Sie skeletirt die Blätter und zieht dieselben zu einem lockeren Knäuel unordentlich zusammen. Im Spätsommer haben diese Blätterballen mit den Winternestern der Liparis chrysorrhoea einige Aehnlichkeit, sie erweisen sich jedoch weit weniger fest und compact als diese. Ein eigentliches Gespinnst findet man bei dem Fraße von P. tumidella kaum. Die skeletirten und verkrümmten Blätter bilden fast ohne Fäden diese lockere Hülle an den Spitzen der Pflanzen. Die innersten Blättchen dieses Schutzdaches sind stärker zerfressen und hier findet sich auch der krumige Koth des Räupchens. Da nicht allein die bezeichneten Blätter, sondern oft auch noch die Knospen vernichtet sind, so kann der Fraß wohl nicht als gleichgültig bezeichnet, freilich für das Leben der Pflanze wohl kaum gefährlich werden. Doch wenn ein sehr starker Fraß mehrere Jahre nach einander dieselben Pflanzungen heimsuchte, müßte er allerdings Bedenken erregen. Doch fehlen über diesen Gegenstand noch ausreichende Beobachtungen. Wir fanden einen solchen, recht heftigen Fraß in einer Eichenheisterpflanzung im Revier Zedlitz. Bei den meisten Pflanzen waren fast alle Blätter an den Spitzen, bei manchen auch an den nächst unteren Trieben skeletirt, zerfressen und verknäuelt. Wo sich Johannistriebe entwickelt hatten, waren dieselben äußerst dürftig. Raupen waren am 24. August, als wir jenen Fraß entdeckten, nicht mehr vorhanden. Sie entwickeln sich nach Ueberwinterung am Boden.

Von anderen Falterspecies möge noch erwähnt werden:

Halias chlorana (sehr schwacher Fraß in den Weidenhegern des Reviers Zedlitz an Salix viminalis);

Pygaera bucephala (ebendaselbst von Familien dieser Raupe manche Zweige kahl gefressen);

Acronycta aceris (nur vereinzelt auf niedrigem Eichengebüsch eben dort);

Orgyia antiqua (gleichfalls nur einzelne Raupen auf jungen Fichten);

Liparis dispar (ein Weibchen am Stamme einer alten Eiche mit Ablegen der Eier beschäftigt, in der Oberförsterei Cosel).

Gänzlich indifferent, aber interessant war das stellenweise zahlreiche Vorkommen der Raupe von Sphinx galii auf Epilobium angustifolium, welches sich massenhaft auf manchen Schlägen angesiedelt hatte. — An derselben Futterpflanze fanden sich einige Raupen von Sphinx elpenor und an Euphorbia platyphyllos die von Sph. euphorbiae.

C. Immen.

Lyda campestris. (?)

Ein auffallender Fraß dieser allbekannten Kiefernblattwespe zeigte sich am 22. im Revier Reinerz. An einer gegen 2 m. hohen Kiefer befanden sich nämlich 10 Kothsäcke in verschiedener Größe und zwar zumeist an Seitenzweigen. Das Mutterinsect war wohl nur deshalb von seiner Gewohnheit, eine sehr junge, bis 3- oder 4jährige Pflanze nur mit einem einzigen Ei an dem Mitteltriebe zu belegen, abgewichen, weil jene, in einer Fichtencultur stehende Kiefer die einzige in der Umgebung war.

Fig. 8.

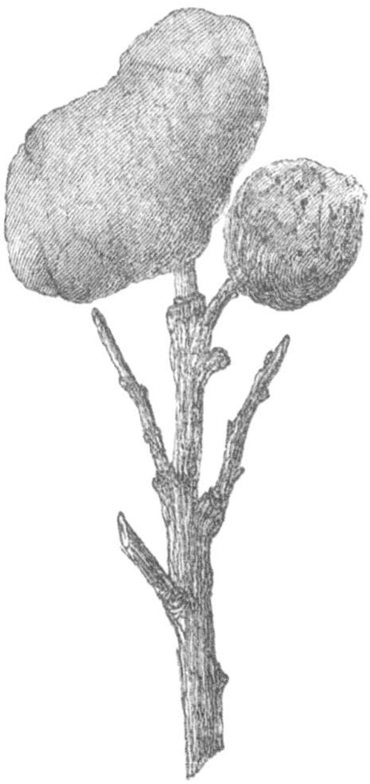

Gallen von Cynips terminalis.

Cynips terminalis.

Die knollige Galle dieser Wespe hatte im Eichenschälwalde des Reviers Cosel im vorigen Jahre eine solche Vermehrung gefunden, daß der Boden an einzelnen Stellen von derselben fast bedeckt war. Viele dergleichen waren noch an den Zweigen verblieben. Es läßt sich nicht leugnen, daß diese mächtig großen Triebspitzengallen, welche in der Regel eine mehr oder weniger starke Verkümmerung des neuen Triebes bewirken, von merklich schädlichem Einflusse auf das Wachsthum der so äußerst stark befallenen jungen Eichen gewesen sind. Diesjährige Triebspitzengallen ließen sich kaum auffinden.

Cynips fecundatrix (gemmae).

Im verflossenen Sommer zeigte sich die zapfenförmige Galle dieser Species sowohl in auffallend weiter Verbreitung, als auch zugleich in ganz ungewöhnlicher Anzahl. Am zahlreichsten hielt sie manche Zweige einer Eichenpflanzung im Revier Zedlitz besetzt und zwar in solcher Masse, daß die Blätter an denselben ganz außerordentlich verkümmert waren.

Als forstlich gänzlich unwichtige Gallen wurden außer sehr vielen Cyn. quercus folii, scutellaris, Réaumuri, Malpighi u. a. auch einzelne der minder häufigen, wenigstens nur sporadisch auftretenden Collari aufgefunden.

Fig 8.

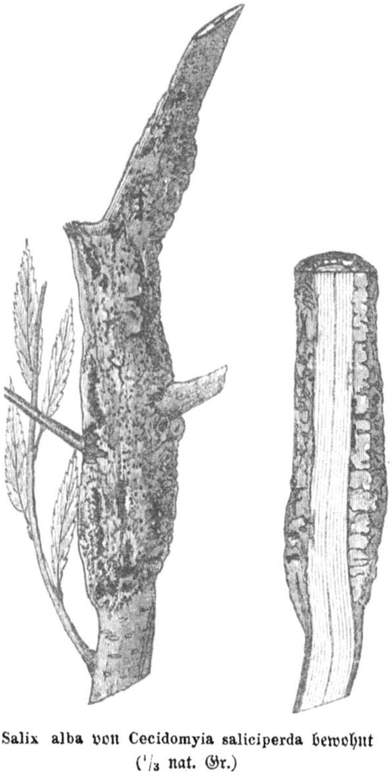

Salix alba von Cecidomyia saliciperda bewohnt (1/3 nat. Gr.)

D. Fliegen.

Cecidomyia saliciperda.

Mit einigen determinatorischen Bedenken führe ich diese Species als Ursache der Mißbildung, wie wir solche an einem Zweige einer Salix alba im Reviere Zedlitz auffanden, auf. Die Bewohner der mißbildeten Stelle waren längst verschwunden und die Mißbildung selbst paßt nicht ganz auf die mir bekannten Beschreibungen und Abbildungen derselben. Aeußerlich zeigt sich die bis zur fast dreifachen Dimension des Triebes verdickte Stelle der Länge nach vielfach unregelmäßig zerrissen und aufgesprungen, und zahlreiche, wie mit Nadeln gestochene, jedoch mit etwas erhöhtem Rande umgebene Oeffnungen sind die Fluglöcher der winzigen Mücke. Im Innern tritt der jüngste Holzring als starke Ueberwallungsschicht an den durch die Insecten zerstörten Stellen auf, und die Rinde zeigt starke Wucherungen, sowie unregelmäßige Verletzungen und Höhlen, z. Th. die Wohnungen der Mückenlarven.

Zoologische Acquisitionen auf der Excursion für die Sammlung der Academie.

1) Menge noch unreifer Weymouthskieferzapfen vom Eichhorn beschädigt;
2) Zwei von der Wühlratte am Wurzelknoten durchnagte Eichheister;
3) Fichtenzapfen vom Fichtenkreuzschnabel beschädigt;
4) Viele Lärchenzapfen desgleichen;
5) Ein Fichtenzapfen vom Kiefernkreuzschnabel zerbrochen;
6) Fichtenrinde-Platte, dicht besetzt von rein ausgeprägten Gängen des Bostrichus typographus;
7) Zwei Fichtenrindenstücke mit Gängen von Hylesinus polygraphus besetzt;
8) Steckling von Salix caspica mit starkem Fraß von der Larve des Cerambyx (textor?);
9) Bündel junger Eichen mit starkem Maikäferlarvenfraß;
10) Menge von Fichtenzapfen, stark befressen von der Raupe der Pyralis abietella; doch hat auch Tortrix strobilana untergeordnet an dem Fraße Theil genommen;
11) Bündel von Eichheisterspitzen mit dem Fraß von Tinea tumidella;
12) Eichenzweige, äußerst stark mit den Gallen von Cynips fecundatrix (gemmae) besetzt;
13) Weidenzweig (Salix alba) mit älterem Fraß von Cecidomyia saliciperda.

Tagesberichte.

Erster und zweiter Tag: 17. und 18. August.

Referent: Dreßler.

Am 17. August dieses Jahres reisten die Theilnehmer der großen Herbst-Excursion, etwa 25 Personen, des Morgens früh von Neustadt ab. Nach einer elfstündigen Eisenbahnfahrt wurde Reibnitz erreicht und die weitere Reise von einer Meile bis Warmbrunn in Wagen fortgesetzt.

Der nächste Tag, der 18. August, war dazu bestimmt, die Holzwaarenfabrik des Herrn G. Herzig in Agnetendorf zu besichtigen und von hier durch das gräflich Schaffgottsche Revier Hermsdorf bis nach der Schneekoppe hinauf zu marschiren.

Zur Zurücklegung der Strecke von Warmbrunn bis Agnetendorf hatte die gräflich Schaffgottsche Forstverwaltung den Theilnehmern der Excursion liberalerweise Wagen gestellt, und so fand der Aufbruch von Warmbrunn des Morgens um 7 Uhr statt. Nach etwa einstündiger Fahrt bei strömendem Regen über Hermsdorf trafen wir in Agnetendorf ein, wo uns der Führer des heutigen Tages, der gräflich Schaffgottsche Oberförster und Verwalter des Reviers Hermsdorf erwartete. Unser erstes Ziel war die Holzwaaren-Fabrik des Herrn Gustav Herzig daselbst.

Herr G. Herzig beschäftigt 100 Arbeiter und verarbeitet jährlich für circa 4000 Thaler Holz aller Holzarten. Der von ihm ausgegebene Preis-Courant enthält die einzelnen hier angefertigten Gegenstände, die mannigfachster Art sind und dem einfachen wie dem anspruchsvollsten Geschmack zu genügen wohl im Stande sind.

Von den einzelnen Holzarten ist Ahorn zu diesen Verarbeitungen am meisten gesucht, Spitzahorn wegen seiner größeren Weiße noch gesuchter als Bergahorn. Im Allgemeinen läßt Ahorn sich leichter poliren als andere, bei der Fabrikation ebenfalls Verwendung findende Holzarten, wie Linde, Aspe, Pappel und Erle, welche die Politur mehr aufsaugen und dadurch die Arbeit kostspieliger machen.

Eine besondere Specialität dieser Fabrik ist Streusand, gewonnen aus den Abfällen der Kreissäge und meist mit Anilin gefärbt.

Ganz besonders schön gearbeitet werden hier runde Tische, deren Platte, etwa ein Meter im Durchmesser, sehr sauber mit Holz von allen, oder doch den wichtigsten deutschen Holzarten ausgelegt wird. Neben elegantem, gefälligem Aeußern haben die Tische auch als Studien-Object in forstlicher Beziehung bedeutenden Werth. Schade, daß der hohe Preis von hundert Thalern in den meisten Forsthäusern wohl die Anschaffung verbietet.

Der jährliche Umsatz in dem Geschäft beträgt nach Angaben des Herrn Herzig circa 30,000 Thaler.

Nach Besichtigung der sehr interessanten Holzwaarenfabrik begann unsere Wanderung durch das gräflich Schaffgottsche Revier Hermsdorf, in dem wir bis zur Schneekoppe verblieben.

Ganz besonders interessant war der heutige Tag dadurch, daß wir Gelegenheit hatten, die Wuchsverhältnisse in den verschiedenen Höhenlagen beobachten zu können. Sei es mir daher verstattet, zunächst über die Standortsverhältnisse des Reviers zu sprechen.

Das Dorf Agnetendorf hat bei einer Höhenlage von circa 600 m. kaum noch Roggen- und Gerstenbau; Hafer wird noch in einer Höhe von 950 m. reif, wo der Anbau der Kartoffel bedenklich wird. Sehr bald hinter dem Dorfe Agnetendorf gelangten wir in das Revier selbst und kamen gleich in die Fichtenregion hinein. Die Fichte kommt in geschlossenem Bestande vor bis zur Höhe von 970 m. Hieran schließt sich die Fichtenbaumregion und geht bis 1150 m. Die Vegetationszeit beginnt hier erst Ende Mai und dauert bis Mitte September. Der Boden ist flachgründig und vermoost. Die Fichte wird kurz- und dünnschäftig und kommt schließlich nur noch gruppenweise und einzeln vor, da sie sehr stark von Sturm und Schneebruch zu leiden hat. — In dieser Baumregion wird die Fichte im Plänterwalde bewirthschaftet, und ist die ganze Wirthschaft hier nur darauf gerichtet, den Bestand überhaupt zu erhalten, wenngleich er noch immer genutzt wird. Je höher man steigt, um so kümmerlicher und seltener wird die Fichte und hat an der Höhengrenze sogar häufig schon kriechenden Wuchs.

An der Fichtenbaumgrenze beginnt die Knieholzregion und geht bis auf den Kamm des Gebirges. Das Knieholz, Pinus pumilio, ist charakteristisch durch den kriechenden, sich weithin über den Boden verbreitenden Wuchs. Neben dieser Holzart finden sich in dieser Region noch Sorbus aucuparia und Salix Lapponum. Auch die Fichte kommt in der unteren Knieholzregion noch vereinzelt vor, aber nur geringwüchsig und mit Senkerbildung, bedingt durch den Mooswuchs und Schneedruck.

Der Boden ist durchweg bis zum Kegel der Schneekoppe Granitboden; er ist grandig-thonig, trocken: gelb, naß: rothbraun, bis 0,8 m. tief, leicht verwitterbar, frisch und graswüchsig. Als Bodenüberzug finden sich bei reichlicherem Thongehalt im geschlossenen Bestande Farren, von Moosen Hypnum und Polytrichum; nach dem Abtriebe Epilobium augustifolium, Prenanthes purpurea und Senecio nemorensis, bei vorwiegendem Grandgehalt Heidelbeere, seltener Heide.

Die Wadelzeit ist hier durchweg der Sommer. — Der Hieb beginnt nach Abgang des Schnees, Anfang März, mitunter auch erst im Mai, und wird beendigt im Oktober. Die Stämme werden nur abgestämmt, und erst im nächsten Sommer werden die Stöcke gerodet. Nur Fichten werden zur Rindengewinnung geschält, während Tannen und Kiefern ungeschält bleiben. Die Wiedercultur findet erst im Frühjahre des zweiten Jahres statt.

Bezüglich der Verjüngung in dem Revier Hermsdorf machte Herr Oberförster Haas folgende Angaben:

Seit 40 Jahren bereits werden in dem Reviere keine Samenschläge mehr gestellt. Es findet Kahlhieb in 15—45 m. breiten Streifen statt mit Erhaltung von Tannen-Vorwüchsen und event. horstweiser Buchen-Verjüngung. Schlagwechsel tritt alle 3 Jahre ein. Der Anbau geschieht überwiegend durch Saat in 0,8 m. breiten Hackstreifen, 1,2 m. im Lichten entfernt; zum Schutz gegen Graswuchs werden diese Streifen noch vorgehackt. 15—20 Kilogramm geflügelter Samen pro Hektar wird breitwürfig gesät und dann bedeckt. Die Kosten für das Streifenhacken belaufen sich hier auf 20 Männertagelöhne oder 24 Mk. — Pflanzung findet nur bei Samenmangel oder zur Ausbesserung statt mit dreijährigen, geschulten Einzelpflanzen. Dieselben werden in 1,2 m. Verband in Löcher gepflanzt; als Füllerde dient Rasenerde oder Kompost.

Fichtensamenjahre treten in der Fichtenbestandsregion zwischen 5 bis 7 Jahren ein; Tannensamenjahre durchschnittlich alle 3 Jahre.

Eine Vermessung des Reviers hat im vorigen Jahrhundert (1756) stattgefunden und eine Größe von 110,000 Morgen ergeben. Eine Abschätzung ist nicht vorhanden, und wird nach dem Haubarkeits-Durchschnittszuwachs gewirthschaftet.

Der Verkauf des Holzes geschieht licitando nur für Blöcke, für die übrigen Sortimente findet ein freihändiger Taxverkauf statt.

Leider regnete es während unseres ganzen Marsches ziemlich heftig und andauernd, so daß wir nur die an unserem Wege liegenden Bestände zu sehen Gelegenheit hatten. Zur Charakterisirung der Fichtenbestandsregion des Reviers Hermsdorf möge folgende, an Ort und Stelle aufgenommene Bestandsbeschreibung dienen:

Südosthang in den bösen Gruben 700 m. hoch, Neigungswinkel 12—15°; Granitboden, grandig, thonig, 0,8 m. tief, Fichten, starkes Baumholz, einzeln mit Buchen durchstellt, langschäftig, 36 m. Bestandshöhe, vollbestanden (1), 800 Festmeter pro Hektar.

Gegen Mittag, kurz bevor wir die Fichtenbestandsregion verließen, war in einem sogenannten Jägerhause d. h. einer Bretterhütte, die für Forstbeamten und Holzhauer zu einem event. Nachtquartier zu dienen bestimmt ist, von der gräflichen Forstverwaltung für eine Collation gesorgt worden; und trotz des noch immer unaufhörlich strömenden Regens wurde der freundlich gebotene Imbiß mit Frohsinn und Heiterkeit im Freien eingenommen.

In geologischer Beziehung ist über die an diesem Tage zurückgelegte Strecke noch Folgendes zu erwähnen:

Das Riesengebirge besteht hauptsächlich aus Gesteinen der ältesten geologischen Periode: krystallinischen Schiefern und Eruptiv-Gesteinen. Auf der Nordseite ist Gneiß bis Reibnitz vorherrschend. Von Warmbrunn bis Hermsdorf ist wieder Diluvium. Von da ab bis in die Nähe des Koppenkegels besteht das Gebirge hauptsächlich aus Granit, von Rose „Granitit" genannt und vorwiegend bestehend aus:

fleischrothem Orthoklas, überwiegend, oft in großen Krystallen vorkommend,
weißem Oligoklas, weniger,
grauem Quarz, wenig,
schwarzem Magnesia-Glimmer, ganz wenig.

Von diesen Bestandtheilen zersetzt sich der Oligoklas am leichtesten, als Hauptzersetzungsprodukt den feinerdig thonigen Theil liefernd, während die grandigen Bodentheile besonders dem schwerer zersetzbaren Orthoklas entstammen.

Von größtem Interesse waren die Veränderungen, welche die Flora in den verschiedenen Höhenlagen zu erkennen gab, zu deren eingehenderem Studium leider die Verhältnisse nicht geeignet waren. In der subalpinen Region zeigte der Gipfel der Schneekoppe zwischen Steingeröll nur noch spärlichen Graswuchs. Auf den Steinen war eine üppige Flechtenvegetation zu sehen (Lecidea geographica, Lecanora tartarea, Parmelia etc.), während es nicht glückte, die als Veilchenmoos bekannte Alge (Chroolepus Folithus), welche hier auftritt, zu finden. Zwischen den Steinen fand sich eine kurze Grasdecke, aus Gramineen, Cyperaceen und Iuncaceen gebildet. Besonders vorherrschend war Nardus stricta, welches mit Sphagnum und anderen Moosarten die feuchteren Partien bedeckte. Etwas unter dem Gipfel begann die Knieholzregion, welche bereits eine weit reichhaltigere Vegetation zeigte. An der oberen Grenze waren die tief am Boden liegenden Kriecher (Pinus Pumilio) mehr vereinzelt, weiter unten bildeten sie nahezu einen geschlossenen Bestand, dessen Höhe wenige Meter nicht überstieg. Auch die in die Knieholzregion hineinreichende Fichte zeigt einen Habitus, welcher dem Knieholz verwandt ist, und die am Boden niederliegenden Zweige zeigen bewurzelte Senker.

An Holzarten tritt ziemlich verbreitet Salix Lapponum in dichten, 1 Meter hohen Büschen auf, während Sorbus aucuparia nur die untere Grenze des Knieholzes etwas überschreitet. Von Kleinsträuchern geht Calluna vulgaris am höchsten, bis zur oberen

Knieholzgrenze, Vaccinium Myrtillus, Vitis Idaea und uliginosum bleiben schon etwas früher zurück. An krautartigen Pflanzen, welche charakteristisch für die Hochlage sind, wurden gefunden Anemone alpina, Hieracium alpinum, Senecio nemorensis, Tussilago alpina, Polygonum Bistorta, Silene Behen, Campanula rotundifolia, Alectorolophus pulcher, Rumex acetosella, Veratrum Lobelianum, Gentiana asclepiadea, Homogyne alpina, Sonchus alpinus. Die Grasdecke war auch hier in der Knieholzregion sehr kurz und es ließ sich erkennen, daß besonders neben Nardus stricta einige Poa-Arten, Aira caespitosa und flexuosa, sowie Iuncus trifidus, Luzula campestris den Bestand bildeten. Horstweise, besonders zwischen den Krummholzkiefern stehend, ragte Calamagrostis Halleriana darüber hervor. Endlich wurde noch hier und da Lycopodium alpinum sowie Cetraria islandica aufgefunden.

Die der Knieholzregion sich anschließende Fichtenregion (obere Bergregion) wurde durch das Auftreten vieler Holzarten charakterisirt, welche der subalpinen Region fehlen: Acer Pseudo-Platanus, Fagus sylvatica, Salix caprea, silesiaca, Lonicera nigra, Rosa alpina, Rubus hirtus etc. Die Bodenflora wurde gebildet in den geschlossenen Beständen von einer reichen Moosvegetation von Polytrichum, Hypnum und Sphagnum mit horstweise oder einzeln vertheilten Farren: Aspidium filix mas. und spinulosum, Blechnum Spicant, Phegopteris, Dryopteris etc., Equisetum sylvaticum. An gelichteten Stellen, an Wegen u. s. w. fand sich Streptopus amplexifolius, Polygonatum verticillatum, Prenanthes purpurea, Senecio nemorensis etc.

Nach einem durch Sturm und Regen ziemlich beschwerlichen Marsche gelangten wir gegen 6 Uhr des Abends oben im Hause der Schneekoppe an, ohne von der landschaftlich so viel Schönes bietenden Gegend und Aussicht das Geringste gesehen zu haben. Auf der Koppe empfingen uns der Herr Oberforstmeister Tramnitz aus Liegnitz und Herr Oberförster Freiherr von Schleinitz aus Grüssau, um uns am nächsten Tage und den folgenden freundliche Führer zu sein.

Dritter und vierter Tag: 19. und 20. August.

Referent: Nöldechen.

Die am ersten dieser Tage stattfindende Excursion begann auf der Schneekoppe. Sie sollte uns rasch bergab in die im Riesengebirge liegende Oberförsterei Hermsdorf und am Nachmittage in die im Rabengebirge liegende Oberförsterei Grüssau führen.

Die Schneekoppe besteht aus Glimmerschiefer, welcher reich an Glimmer, eine dunkelbraune oder schmutzig graugrüne Färbung zeigt und wenig Quarz enthält. Da der Glimmer durch Magnesia-Glimmer vertreten ist, so würde sich das Gestein unter günstigen äußeren Bedingungen leicht zersetzen. Jedoch findet in den höher gelegenen Theilen der Schneekoppe bei der sehr niedrigen Temperatur so gut wie gar keine Verwitterung statt. (Das Thermometer am Schneekoppenhause zeigte an diesem Morgen + 2 Grad Réaumur.)

Nachdem wir sodann die ausschließliche Knieholzregion überschritten hatten, fand sich die Fichte erst einzeln, kriechenden Wuchses an, durch Senkerbildung sich weiter über die Erde verbreitend. Weiter hinab, zu Anfang der Baumregion (1150 m.), hatten die Fichten einen Höhentrieb versucht; jedoch jährlicher Schneebruch und Duftanhang ließen ihn nicht zur Vollendung kommen; aber fast jeder Schritt bergab zeigte uns ein besseres Wachsthum, bis wir die Fichtenbestandsregion (970 m.) erreichten. Die Fichtenbaumregion ist bloß Schutzwald gegen Schnee und Wind für die unterliegenden Bestände. Hier werden keine Culturen ausgeführt, was auch bei der durch die bedeutende Feuchtigkeit weit verbreiteten Vermoorung in dieser Region meistentheils unmöglich sein möchte. Charakteristisch sind für diese Region: ästiger Wuchs, einseitige Zweigbildung, gruppenweiser Stand der Fichte. Die größte Länge beträgt 13 m. Samenjahre treten höchstens alle 7—8 Jahre ein und dann ist die Keimfähigkeit noch eine sehr geringe (3—4 %).

Fernerhin führte uns unser Weg über Granit (vgl. den Remelé'schen Bericht), und die Bestände zeigten hier, je nachdem der Granitboden bald mehr grandig, bald mehr thonig war, sehr verschiedenes Aussehen. Der beste Boden zeigte II. Bodenclasse für Fichte mit 800 Stämmen pro Hektar; er ist trocken: locker, naß: schmierig, — frisch, quellenreich, mit starkem Gras- und Beerkrautüberzug, thonreich.

Hier ist auch des Hofkammerreviers Arnsberg Erwähnung zu thun, welches hauptsächlich auf Granit steht und von der Excursion nur berührt wurde. Es ist im Jahre 1849 für 67,000 Thaler angekauft, 1891 Hektar umfassend, und bringt einen Reinertrag von 5000 Thaler.

Der eigentliche Zweck dieses und des folgenden Tages war: die verschiedensten Gesteine und ihre Bodenarten, sowie das Verhalten der Bestände auf ihnen in verschiedenen Höhenlagen zu beobachten. Daneben wurden jegliche locale forstliche Verhältnisse, sowie die Bodenflora und die Forstzoologie berücksichtigt.

Diesem Zwecke gemäß werde ich in Folgendem im Anschluß an die von der Excursion durchwanderten Oberförstereien Hermsdorf und Grüssau die einzelnen Gesteins- und Bodenarten besonders behandeln und das Uebrige anschließen.

Privat-Forstrevier Hermsdorf, 5472 Morgen groß, Herrn von Kramsta gehörig, Revierverwalter Herr Oberförster Weiß.

Bis zum Orte Hermsdorf, am Fuße des Riesengebirges gelegen, schritten wir über Glimmerschiefer, welcher in dortiger Gegend breite Einlagerungen von Gneiß enthält, wodurch die Gesteinsverhältnisse sehr wechselnd erscheinen.

Was den Gneiß anbetrifft, so lernten wir 3 Abänderungen, und zwar folgende, kennen:

a. Feldspathreicher Gneiß: orthoklasreich, oligoklasführend, arm an Quarz und Glimmer.

Der Boden: naß: rothbraun, — thonig, locker, erdreich mit Steinbrocken, frisch, mitteltief, leicht verwitterbar.

Wir befanden uns 800 m. über dem Meeresspiegel. Als bestandesbildende Holzart trat die Fichte uns entgegen, stellenweise vergesellschaftet mit der Tanne. — Von den Laubhölzern kamen Buche und Bergahorn, sowie Aspe und Salix caprea nur erst vereinzelt vor. — Der besichtigte 75jährige Fichtenbestand mit einzelnen eingesprengten Tannen (II.—III. B.-Cl. für Fichte, III. für Tanne, Osthang mit 25° Neigung) ist durch Samenschlagstellung aus ehemaligem Plänterwalde entstanden, wie aus einzelnen alten Fichtensamenbäumen und der Ungleichaltrigkeit des Bestandes zu erkennen war. Derartige Plänterwaldungen durch Samenschlagstellung in Hochwald überzuführen, ist bei dieser Gebirgshöhe wegen der großen Windgefahr für die Fichte im Allgemeinen sehr schwierig. Der Bestand wies auch Lücken auf.

b. Quarzreicher Gneiß: quarzreich, mit wenig Orthoklas und Glimmer, schwer verwitterbar.

Boden: flach, sehr steinig. Heidelbeere, keine Heide.

Die betretene Fläche, auf welcher 1866 der Fichtenbestand vom Sturm geworfen war, gehörte der geringeren Bodenclasse an. Ein starker Beerkrautüberzug — jedoch keine Heide — überdeckte den Boden.

c. Glimmerreicher Gneiß oder Glimmergneiß: fast in Glimmerschiefer übergehend, aber noch deutlich orthoklasführend und zum Theil mit viel Quarz.

Der Boden ist naß: rothbraun, — thonig, locker, erdreich mit Steinbrocken, frisch, mitteltief, leicht verwitterbar und zum Graswuchs geneigt.

Ein besichtigter 100jähriger Fichtenbestand (Südost 20°, III.) hatte etwa 30 m. Bestandshöhe, 450 Fm. pro H.

Demnächst trafen wir Glimmerschiefer, an Hornblendeschiefer anstoßend, welch letzterer zwar nicht anstehend, aber doch in einzelnen freiliegenden Stücken angetroffen wurde.

Ganz frei war dieser Glimmerschiefer auch nicht von Orthoklas, jedoch ist das vorliegende Gestein mehr hierher, als zum Gneiß zu rechnen. Sein Hauptbestandtheil ist Magnesia-Glimmer.

Der Boden enthält mehr Steine als auf dem Glimmergneiß, ist thonig, krümelig, locker, leicht verwitterbar, erdreich mit Steinbrocken.

In dem in Augenschein genommenen 80jährigen Fichtenbestand (500 m. über dem Meeresspiegel, II.—III., Nordosthang mit 20° Neigung) zeigten die einzelnen dichtständigen Stämme einen langen, dünnschäftigen Wuchs, 28—30 m. Bestandshöhe, 500 Fm. pro H.

Die Flora war auf den beiden zuletzt genannten Böden eine sehr mannigfaltige.

Der quarzreiche Glimmergneiß war vorwiegend mit Gräsern bedeckt, welche der Sandflora angehören: Agrostis vulgaris, Aira flexuosa, Calamagrostis arundinacea, Festuca ovina, Luzula campestris etc. Außerdem trat reichlich auf Vaccinium Myrtillus und Vitis Idaea, Rubus Idaeus, Sambucus racemosa.

Dagegen zeigte der Glimmerschieferboden auf einer 5jährigen Schlagfläche sehr üppigen Krautwuchs: Prenanthes purpurea und muralis, Senecio nemorensis, Epilobium angustifolium, Urtica dioica, Carduus crispus, Impatiens Noli tangere, Rumex acetosella, Sambucus racemosa und Rubus Idaeus; letztere beiden Sträucher in hohem Maße culturfeindlich. Daneben Salix caprea, aurita und silesiaca, Fragaria vesca. An Gräsern waren vorzugsweise Phleum pratense, Alopecurus pratensis, Cynosurus cristatus, Juncus conglomeratus, an Farren Asplenium filix femina vorherrschend.

Auf dem Gebiete des Thierlebens, dessen Spuren wir fanden, ist, neben Eichhörnchen und Kreuzschnabel, Auerwild zu verzeichnen. Ferner Picus martius, welcher nach Ameisen suchend einige alte Fichtensamenbäume in vielen fußlangen und fußtiefen Löchern angehauen hatte. Von den eigenthümlichen Fichtenfeinden unter den Insecten begegneten wir Callidium luridum, welcher ältere Stangenorte befällt, unter der Rinde plätzt und dann ins Holz geht; Bostrychus lineatus und Hylesinus polygraphus und in Menge B. typographus, ferner Pyralis abietella, welche im Juni fliegt, an Triebe, Knospen und besonders an Zapfen ihre Eier legt. Selten kommt sie an der Tanne vor.*)

*) Die Bezeichnung des Reviers Grüssau statt Hermsdorf als einzigen

Die Hauptholzart im Reviere ist die Fichte. In den tieferen Lagen bis etwa 700 m. wird die Buche horstweise durch Pflanzung eingeführt und Tannenvorwüchse werden übergehalten. Die Lärche wird einzeln in den Culturen bis zu 10 pCt. zwischengepflanzt. Fichtensamenschläge sind gar nicht in Anwendung, gewöhnlich geschieht die Wiedercultur durch Saat. Hierbei wird der Bodenüberzug bis auf den Rohboden abgestreift. Die Streifen, 0,7 m. breit, 1,2 m. entfernt, werden vor der Aussaat durchgehackt und mit 15—20 Kilogramm Flügelsamen pro Hektar besät.

Fast durchweg waren die Fichtensaaten zu dicht gesät, in Folge dessen sie gegen Schneedruck und Duftanhang nicht stufig erwachsen waren.

Hin und wieder findet auch Einzelpflanzung der Fichte statt, Löcherpflanzung in 1,2 m. □ Verband.

Die Löcher werden mit der Rodehacke gemacht und mit etwas Compost-Erde gefüllt. Als Material werden 3—4jährige, unverschulte oder verschulte Pflanzen verwandt.

Endlich ist noch der Fichtenplätzesaat Erwähnung zu thun. Sie erfolgt auf 1 m. langen und 0,7 m. breiten Plätzen; letztere 0,5 m. entfernt, die Reihen 1,2 m. Die Aussaat geschieht aus der Hand breitwürfig, und wird mit Besen eingekehrt.

Der Männertagelohn im Revier beträgt meist 7 Sgr.

Die Pflege der Culturen bezieht sich hauptsächlich auf das Ausschneiden des Grases, namentlich auf Glimmergneiß, und des sehr lästigen Rubus Idaeus.

Im Laufe der Excursion hatten wir auch Gelegenheit, den Schlagbetrieb in dieser Oberförsterei kennen zu lernen. Regel ist der Sommerhieb in schmalen Schlägen bis 50 m. Breite. In der Reihenfolge der Schläge wird gewechselt. Die Schlagruhe dauert zwei Jahre.

Im Anschluß an die Fällung findet die Fichten-Rindenutzung statt. Ende Mai geht die Rinde, und von da ab dauert das Schälen bis Anfang August. Als Werkzeuge dienen:

1) eine breite Kronensäge, 1,5 m. lang;

Fundortes mehrerer der vorerwähnten Thiere im Referat des Prof. Altum beruht auf Verwechselung.

2) eine Axt, welche als Fäll- und Klöbeaxt dient; sie ist sehr schmal, etwa 8—10 cm. breit und 0,3 m. lang;
3) ein Lohschäler von Eisen mit hölzernem Griff und einem eisernen Haken, um die Rinde streifenweise aufzureißen.

Die Rinde wird sofort dachförmig an Böcken aufgestellt, ein Rindenstück (etwa 1 m. lang) neben dem andern. Der Verkauf geschieht nach sogenannten Stangenmetern, indem die Rinde so aufgesetzt meterweise an Ort und Stelle nach laufenden Metern verkauft wird. Verkaufspreis eines solchen Stangenmeters ist 4 Sgr.

Der Schälerlohn beträgt 1 Sgr. und der Rückerlohn 3 Pfg. pro Meter.

Benutzt wird die Rinde in dortiger Gegend zum Gerben groben Leders. Wie überall im Gebirge, so sind auch hier die Schläge sehr vorsichtig gegen Windgefahr zu führen. Windbruch, Schneedruck, sowie Eisanhang sind hier die Hauptcalamitäten. Wir sahen z. B. eine Fichtendickung bei 700 m. Höhe, welche durch Eisanhang stark gelitten hatte (die Zweige waren aus den Achseln gerissen), zahlreiche Schneebruchlagen gaben sich durch entwipfelte Stämme zu erkennen. — Hiermit möchte ich versucht haben, die Hauptmomente unserer Excursion in der Oberförsterei Hermsdorf unter Führung des Herrn Oberförsters Weiß wiedergegeben zu haben, und bitte, mir nun, das Riesengebirge verlassend, in das Rabengebirge zu folgen. Schnelle Leiterwagen brachten uns Nachmittags über Liebau, wo eine kurze Rast mit Erfrischungen gestattet war, ins Rabengebirge, in die

Königliche Oberförsterei Grüssau.

Die Oberförsterei Grüssau ist 1810 bei Säcularisation des Cisterzienser-Klosters Grüssau erworben. Größe 3419 Hektar. $^{9}/_{10}$ des Reviers sind steile Berge, $^{1}/_{10}$ ist eben.

Ein Schutzbezirk (Kunzendorf) steht auf Gneiß und Glimmerschiefer; zwei auf Felsitporphyr, zwei auf Rothliegendem; zwei andere Schutzbezirke auf Quader- und Plänersandstein; ein kleiner Theil auf Melaphyr.

Schon von der Schneekoppe herunter hatte uns der Herr Oberforstmeister Tramnitz nebst Herrn Oberförster von Schleinitz begleitet. Hier nun traten wir in des Ersteren Inspections-Bezirk, wo Beide die specielle Führung übernahmen. Die Excursion bewegte sich ausschließlich in den Schutzbezirken Ullersdorf und Blasdorf auf Felsitporphyr.

Der Felsitporphyr bildet hier ein massiges Gebirge, charakterisirt durch scharfe Rücken, steile Hänge, bei Entblößung Rollwände.

Es zeigten sich zwei Arten von Felsitporphyr:

1) ein krystallarmer am Süd- und Westhange des von uns besuchten Theils, welcher sich schwerer zersetzt und einen weniger tiefgründigen Boden giebt, als
2) ein krystallreicher Felsitporphyr am Osthang.

Die felsitische Grundmasse des Porphyrs ist im Allgemeinen roth, und die Zersetzung schwierig, weil der betreffende Porphyr ein sehr compactes Gestein ist. Er enthält wenig Quarz.

Der Boden des Felsitporphyrs ist thonig, sehr steinig, trocken: erbsengelb, naß: braun, — locker durch Steingehalt, meist flach, schwer verwitterbar (am Osthang erdreicher, tiefgründiger, leichter zersetzbar). Es ist ein sehr thätiger Boden, die Abfälle rasch zersetzend, mit geringer Laub- und Nadeldecke, sehr fruchtbar; auf Lichtungen der großen Bodenempfänglichkeit wegen üppige Unkrautvegetation.

Flora des Porphyrs: Bei Lichtung des Bestandes schon zeigte sich eine üppige Vegetation. Auf den Kahlschlägen ist Kräuterwuchs stärker als Grasvegetation; namentlich stark wuchernd tritt hier auf: Rubus Idaeus, Senecio nemorensis, Alchemilla vulgaris, Sanguisorba officinalis.

Im Allgemeinen kennzeichnet sich die Porphyrflora durch Humuskräuter:

Actaea spicata Mercurialis perennis Asarum europaeum	begehrliche Pflanzen, kennzeichnen guten Boden.

Ferner Impatiens, Paris quadrifolia und Daphne Mezereum.

Die Hauptholzart ist die Fichte, meist mehr oder weniger mit Weißtanne gemischt.

Auf dem besten Boden ist die Buche eingesprengt. Wir hatten sogar Gelegenheit, noch bei 600 m. einen Buchenbestand zu sehen. Bei 750 m. ist im Rabengebirge die Baumgrenze der Buche, welche hier nur noch einzeln auftretend mit Flechten und Moosen bedeckt ist. Den Fichtenstangenhölzern und Culturen ist die Lärche beigemischt.

Als Eigenthümlichkeit des Wachsthums der Fichte auf Porphyr mag erwähnt werden, daß sie im Ganzen frei von Rothfäule ist. — Außer der Fichte, Tanne, Lärche und Buche tritt Berg- und Spitz-Ahorn nebst der Felsrüster auf, in den Thälern durch ihren üppigen Wuchs die Bodenkraft bezeugend.

Im 40jährigen Bestande stehen die Fichten noch dicht geschlossen, der Boden zeigt eine dünne Nadeldecke, kein Moos. Diese von uns gesehenen Bestände waren aus Samenschlagstellung entstanden und von vorzüglichem Wuchse.

Die früher im Revier bestandene Samenschlagwirthschaft ist seit etwa 40 Jahren beseitigt. An deren Stelle sind schmale Kahlschläge getreten mit zeitweisem Ueberhalt einzelner Tannensamenbäume. — Die Schlaglinien werden aus dem Thal vertical aufsteigend gelegt mit Schonung der Kuppen zum Schutz der hinterliegenden Bestände gegen Windgefahr. Jeder Schlagort ruht nach dem Abtrieb höchstens 1 bis 2 Jahre bis zur Wiedercultur. Im nächstfolgenden Jahre nach dem Abtrieb wird nicht an derselben Stelle weiter gehauen, sondern erst nach 1 bis 2 Jahren.

Durchforstungen werden nur sehr schwach und vorsichtig betrieben wegen Mangels an Arbeitskräften, welche die Aufarbeitung des Windbruchs absorbirt, und um Windschäden vorzubeugen. Rascher Wiederanbau nach dem Abtriebe ist gegen den Unkrautwuchs nothwendig.

Das Klima ist sehr rauh wegen der Freilage gegen die über das Riesengebirge hinwegkommenden Westwinde, woraus sich Gefahren von Wind- und Schneebruch ergeben. Die Fichte wird überwiegend geworfen, während die Tanne in Folge der Brüchigkeit ihres Holzes meist glatt gebrochen wird.

Eine große Calamität in Schneebruchlagen von 750 m. Höhe ist das Entwipfeln, welches bei der Tanne weit weniger häufig vorkommt, als bei der Fichte. Wir sahen einen Bestand, in welchem unter Schnee- und Eisdruck fast sämmtliche Fichtenstämme (50jährige) ihre Wipfel verloren hatten, während die Weißtannen verschont geblieben waren.

Wo der Wind vorgearbeitet hatte, hatte sich der Borkenkäfer

Bostrychus typographus in Masse eingefunden. Die in ihrer Regelmäßigkeit und in ihrem Reichthum an Fraßstellen fast schön zu nennenden Rindenfraßstücke dieses Käfers erregten Aller Bewunderung, und sind einige Prachtstücke der hiesigen Sammlung einverleibt. Andere unliebsame Gäste in unseren Wäldern, die Baumpilze, fanden wir hier auch in ziemlicher Menge:

Hypoderma macrosporum, der die Schütte an der Fichte, und H. nervisequium, der die an der Weißtanne hervorruft. Ersterer ist weniger häufig. Beide haben geringe Ausdehnung und werden nach oben hin im Gebirge begrenzt.

Agaricus melleus fanden wir an einer 90jährigen Fichte. Er hat auch geringe Ausdehnung. Mehrfach war Peridermium elatinum zu bemerken, welcher den Weißtannenkrebs hervorruft. Der schließlich rundum befallene Stamm wird häufig an den Krebsstellen vom Winde gebrochen. Ferner fand sich ebenfalls an Weißtanne Trametes pini, der die Rothfäule auch an diesem Baume bewirkt, und Polyporus igniarius und pinicola.

Bevor ich den Bericht dieses höchst mannigfaltigen Tages schließe, mögen noch einige besondere Verhältnisse, welche sich auf den Holzabsatz und die Holzabfuhr im Revier beziehen, hier Platz finden.

Der Holzabsatz ist vorzüglich. Der Licitationsdurchschnittspreis pro 1873 für den Festmeter geringstes Nadelnutzholz V. Cl. betrug 4 Thlr. 6 Sgr. 9 Pfg., für den Raummeter Nadelscheitholz 1 Thlr. 21 Sgr. 10 Pfg. Eine sehr erhebliche Ausbeute an Nutzholz wird durch Aushalten von Grubenholz und Schneideklötzen erzielt. Der Holztransport an den steilen Hängen des Porphyrgebirges ist sehr beschwerlich. Fast alles Holz wird gerückt. Der Bau von Holzabfuhrwegen ist erst in neuerer Zeit auf Grund eines vom Oberförster Irle projectirten Waldwegenetzes energischer in Angriff genommen worden.

Wir hatten Gelegenheit, einen Weg, welcher 1873 chausseeartig ausgebaut wurde, in Augenschein zu nehmen. Der Bau war folgender: 5 m. breites Planum mit Seitengräben, 2 m. breite Versteinung mit Bordstein-Einfassung, 15 cm. starke Packlage, 2 je 10 cm. starke Decklagen. 240 laufende Meter kosteten 186 Thlr. 7 Sgr. Daneben hatten 230 laufende Meter Weg, welcher planirt, einfach versteint resp. mit Schotter überfahren wurde, 35 Thlr. 18 Sgr. gekostet, also pro laufenden Meter etwas über 4 Sgr., während der chausseeartige Ausbau ca. 23 Sgr. pro laufenden Meter kostete. —

Indem wir so, wie es Zeit und Gelegenheit bot, diesen Theil der Oberförsterei Grüssau, welcher auf Porphyr steht, kennen lernten, waren wir gegen Abend in dem durch mannigfaltigen Baumwuchs ausgezeichneten engen Rabenthal angelangt (es finden sich dort neben den herrschenden Holzarten noch Rüstern, Ahorn, Kastanien, Eschen, Buchen u. a.). Ein heimlicher Waldweg führte uns abseits auf eine Lichtung, wo ein einfaches Jägerhaus, auf das geschmackvollste mit Geweihen und Tannenzweigen decorirt, zur Ruhe und Entgegennahme von Erfrischungen einlud. Und als von der gegenüber steil vor uns aufsteigenden Pfaffenlehne Salutschüsse im Thal ein mehrfaches Echo weckten, erwiderten wir den Bewillkommensgruß der Forstbeamten mit manchem Jägerlied.

Es war schon dunkel, als wir den Weg über die Pfaffenlehne nach unserem Quartier Schömberg antraten, wo wir um 10 Uhr Abends anlangten.

Erfrischt von dem guten und billigen Nachtquartier in Schömberg setzten wir am nächsten Tage Morgens $^1/_2$7 Uhr unsere Reise zunächst zu Wagen fort nach dem Schutzbezirk Kindelsdorf.

Dieser steht auf Quader- und Plänersandstein der Kreideformation, deren Hauptgesteine, wie sie hierorts auftreten, im Folgenden näher bezeichnet sind.

Cenomansandsteine.

a. Unterer Cenoman-Quadersandstein, liegende oder untere Partie: ist conglomeratisch, mit großen eingewachsenen Quarzbrocken neben feineren Quarzkörnern, etwas eisenhaltig.

Der Boden steht der Güte nach am tiefsten unter den Sandsteinböden. Er wird etwas verbessert durch Beimengung des überlagernden und höher anstehenden Plänersandsteins; schwach thonhaltiger Sandboden, gelbbraun, etwas steinig, grobkörnig, tiefgründig.

Der Bodenüberzug besteht neben der Moosdecke überwiegend aus Heide und Heidelbeere.

Bestandesbildend tritt hauptsächlich die Kiefer auf. II. B.-Cl. für Kiefer, selten III., III.—IV. B.-Cl. für Fichte und Tanne.

Augenfällig ist sogleich, daß das Holz auf Quadersandstein im Allgemeinen kürzer gewachsen ist als auf Porphyr. Außerdem ist das Holz an Süd- und Westhängen kurzschäftiger, als am Nordhang.

Die Kiefer ist auf Quadersandstein zwar meist nicht gradschäftig erwachsen, hier jedoch zeigte sie, weil der Boden tiefgründig ist, gradschäftigen Wuchs.

Die Kiefern, mit Fichten durchstellt, werden schaftrein, lang, und die Fichte hält mit ihrem dichten Schirm den Boden im Stande. Kiefer mit Fichte zeigte sich auch hier im Allgemeinen als eine günstige Mischung.

Später freilich hatten wir auch Gelegenheit, an einem steilen Südhange einen Kiefern- und Fichtenmischbestand zu sehen, welcher zeigte, daß es auch auf dem Quadersandstein Partien giebt, welche für diese Mischung ungünstig sind.

An dem trockenen Südhange, von welchem die thonigen Bestandtheile abgeschwemmt waren, hatte sich überall Heide angesiedelt. Wo Heide sich findet, ist im Allgemeinen kein Standort für die Fichte, da beider Wurzeln dieselbe Bodenschicht in Anspruch nehmen. In solchen Verhältnissen ist die Kiefer die beste Holzart und unter ihr dann Fichte möglich, wenn erstere die Heide tödtet.

b. Unterer Cenoman-Quadersandstein, hangende oder obere Partie; ist nicht grob-, sondern feinkörnig.

Eisenoxydhydrat dient stellenweise vorwiegend als Bindemittel und ist charakteristisch für diese Schicht. In einem Steinbruch, woselbst auf Mühlsteine gebrochen wird, fanden wir viele Steinkerne von Exogyra columba und anderen Muscheln.

Der **Boden** ist ein gering thoniger, feinkörniger Sandboden; trocken: grauweiß, naß: gelbbraun, — tiefgründig, frisch, eisenschüssig, thätig.

Moosdecke dünn.

Unten am Hang II. B.-Cl. für Fichte und Weißtanne, weiter oben III. B.-Cl., bis 32 m. Fichtenbestandshöhe. Kiefer findet sich hier gar nicht, die Buche ist eingesprengt. — Dieser Partie des Quadersandsteins kommt der Kalkgehalt des überlagernden Plänersandsteins zu Gute, und sind daraus die theilweise sehr guten Bestände zu erklären. Hypnum-Arten bedecken den Boden und zwischen ihnen siedelt sich die Fichten- und Weißtannensamung leicht an. Die Weißtanne erscheint zuerst unter den Fichten. Bei geringer Lichtung ist daher sehr leicht eine Verjüngung herzustellen.

Als charakteristisch aus der Flora ist zu bemerken, daß Epilobium gar nicht auf Quadersandstein erscheint. Im Uebrigen ist die Flora ungefähr dieselbe wie in den Kiefernbeständen bei Neustadt-Eberswalde.

c. Plänersandstein, im Ganzen selten in Deutschland. Thon und kohlensaurer Kalk sind die wichtigsten Bestandtheile neben feinen Quarztheilchen. Es finden sich darin hier und da Lamellen von Kalkspath.

Der Boden ist bläulichschwarz, thonreich, kalkhaltig, Verwitterungsschicht 1—1,5 m., feinkörnig, thätig und empfänglich.

II. B.-Cl. für Fichte und Weißtanne an Nord- und Osthängen.

III. B.-Cl. für Fichte auf Süd- und Westhängen.

Die II. Bodenclasse zeigt eine Bestandshöhe von 37 m. für Fichte bei 500—600 m. über dem Meeresspiegel. Neben Fichte und Tanne findet sich die Buche eingesprengt. Kiefer erscheint gar nicht.

Die Flora wird vertreten durch Sambucus racemosa, Rubus Idaeus, Epilobium angustifolium, Senecio nemorensis. Krautwuchs ist vorwiegend, 1/4 Gräser.

Forstculturen.

Bis zum Jahre 1847 wurden in der Regel Fichtensaaten mit 10—15 Pfund pro Morgen, mitunter auch 20 Pfund ausgeführt. Von 1852—1872 pflanzte man Fichtenbüschel, anfänglich 12—20 Pflanzen pro Büschel, in der letzten Zeit 6—8 Pflanzen. Seitdem ist Cultur mit verschulten Fichten Regel, und die Bestandsbegründung geschieht mit Einzelpflanzen. Die Pflanzen werden einjährig verschult und im Alter von 3—5 Jahren in's Freie gepflanzt. Wegen des rauhen Klima's und üppigen Unkrautwuchses finden nur starke und stuffige Pflänzlinge Verwendung.

An geeigneten Orten wird der Fichte die Kiefer, die Lärche, der Ahorn und die Esche durch Pflanzung beigemischt. Die Weißtanne wird durch Erhaltung der Vorwüchse und Ueberhalten von einzelnen Samenbäumen an solchen Orten, wo sie der Wind nicht sofort wirft, nachgezogen.

Einziges Cultur-Instrument ist die Rodehacke, ähnlich, wie wir sie schon bei Hermsdorf kennen gelernt hatten, schmal und mittelstark. Zum Anstampfen der Erde wird bei dem steinigen Boden noch ein Holzstampfer benutzt. Die Pflanzstätte wird sodann mit Steinen bedeckt.

Wir hatten Gelegenheit, eine derartig ausgeführte Fichteneinzelpflanzung zu sehen. Die Pflanzweite beträgt 2/1 m. 100 Stück zu pflanzen kostet 8 Sgr. (excl. Verschulung); pro Hektar 5000 Stück Pflanzen; Männertagelohn 12 Sgr. Die Cultur pro Hektar kostet also 13 Thlr 6 Sgr., und 100 Stück zu pflanzen $^2/_3$ Männertagelohn.

Fichtenverschulungskamp mit einjährigen Pflanzen. 16/20 cm. Pflanzweite. 3100 Pflanzen pro Ar; 100 Stück kosten 2 Sgr. 8 Pfg. incl. Belegung mit Moos und Steinen. Mithin kostet die ganze Cultur pro Ar 2 Thlr. 23 Sgr.

100 Stück zu pflanzen kostet annähernd $^1/_5$ Männertagelohn, bei einem Männertagelohn von 14 Sgr.

Die Beete werden erhöht aus den Steigen angelegt. Die Bodenbearbeitung geschieht 0,4 m. tief. Nach ausgeführter Cultur werden die Beete mit kleinen Steinen belegt und die Lücken mit Moos ausgefüllt, theils als Mittel gegen Auffrieren, theils zur Frischerhaltung des Bodens.

In geschützter Lage war eine Versuchsfläche eingerichtet worden, um Erfahrungen zu sammeln, ob sich Büschel- oder Einzelpflanzung am besten bewähren würde. Das Resultat war auf der Fläche deutlich zu sehen. Die Fichten standen jetzt im fünfundzwanzigsten Jahre.

Unter normalen Verhältnissen ist die Einzelpflanzung stets die beste. Jede Pflanze hat ihren Wachsraum für Stamm und Wurzel; es erwächst eine kräftige stuffige Pflanze, die Schneedruck, Eisanhang und Wind wohl im Stande ist zu ertragen.

Die Büschelpflanzung mit wenigen, 2—3 Pflanzen muß frühzeitig durchforstet und den dominirenden Stämmchen auf diese Weise zur Selbstständigkeit verholfen werden. Im 20jährigen Alter schaden die durch die Stammverwachsungen herbeigeführten Wunden noch nicht, da noch eine Rindenschicht dazwischen liegt, jedoch in Windlagen möchte sich der Schaden schon früher einstellen.

Die Büschelpflanzung ist gut gegen Vieh und Wildstand.

Büschelpflanzung mit vielen, 15—20 Stück Pflanzen ist stets nachtheilig. Die Wurzel- und Zweigbildung wird einseitig, der Schaft ist nicht stämmig, dünnschäftig. Nach Durchforstungen, welche einerseits gegen Stammverwachsungen, andererseits zur Kräftigung der Pflanzen nöthig sind, richtet Schneedruck großen Schaden an; ebenso der Wind.

Um den nöthigen Schluß herzustellen, hatte sich auch hier Quadrat- oder Dreiecks-Verband am meisten bewährt.

Reihenpflanzung ist Regel, wenn man genöthigt ist frühzeitig Vieh in die Cultur einzulassen.

Gegen Mittag erreichten wir die „Weißgalle", eine Kuppe, etwa 800 m. hoch, auf deren lichter Höhe eine Mooshütte im umgebenden Fichtenbestande steht.

Dicht dabei ergoß ein kleiner Wasserfall sein rauschendes Wasser über die steil abstürzenden Gehänge in das tiefe Thal, ein herrlicher Blick öffnete sich durch den Wald über Berg und Thal in die Ebene auf das Dorf Grüssau mit seinem stattlichen Kloster, den Hintergrund bildete die Schneekoppe. Hier empfing uns Herr Oberforstmeister Tramnitz zum kurzen Verweilen an diesem schönen Punkte, uns zur Entgegennahme erfrischenden Gerstensaftes freundlichst einladend.

In Liebenau erwarteten uns unsere Wagen und brachten uns nach den Adersbacher Felsen, dieser merkwürdigen Formation des Quadersandstein-Gebirges. Von hier fuhren wir nach Weckelsdorf, wo wir unser Nachtquartier fanden.

Fünfter Tag: 21. August.

Referent: Diekmann.

Die für den fünften Tag unserer Reise beabsichtigte Excursion in das Carlsberger Forstrevier wurde von dem böhmischen Flecken Weckelsdorf aus unternommen. Der Weg von genanntem Dorfe nach Braunau, den wir zu Wagen zurücklegten, führte gleich hinter Weckelsdorf an einem lehnen Nordhang vorbei, der mit einem reinen, etwa 40jährigen Birkenbestand raumbestockt war.

Auf der weiteren Fahrt berührten wir die beiden Dörfer Bodisch und Dittersbach. Der Boden gehörte bei ersterem Orte noch der cenomanen Kreideformation, bei letzterem schon dem oberen Rothliegenden an. Die Gegend bot im Ganzen wenig Bemerkenswerthes.

Etwa 20 Minuten rechts von der Landstraße wurde der Bau einer Hocheisenbahn aufgeführt. Die uns nur sehr karg zugemessene Zeit gestattete es leider nicht, uns dem jedenfalls sehr interessanten Baue zu nähern. Aus der Ferne erkannte man hohe Gerüste von Nadelholz mit entsprechender Böschung nach den Seiten, welche mit Eisenbahnschienen belegt waren. Vermittels kleiner Wagen wurde das zum Ausfüllen des Innenraumes nothwendige Material herbeigeschafft.

Gegen 9 Uhr Morgens langten wir in Braunau, einem freundlichen böhmischen Städtchen an. Die kurze Rast daselbst wurde benutzt zur Besichtigung der Benedictinerkirche. Dieselbe ist an der Nordostseite der Stadt gelegen und gehört dem dortigen Benedictinerkloster an.

Kirche wie Kloster, dem auch in früheren Zeiten die Stadt untergeben war, werden ihrer architektonischen und auch ihrer historischen Bedeutung wegen oft besucht, indem bekanntlich die Streitigkeiten des Abtes und der böhmischen Stände in Betreff einer von den Protestanten zu Braunau erbauten Kirche in ihrem weiteren Verlaufe wesentlich zum Ausbruche des 30jährigen Krieges beitrugen.

Nach weiterer, 3stündiger Fahrt erreichten wir über Wünschelburg das Gasthaus „Zum grünen Walde," den eigentlichen Anfangspunkt der für den Tag bestimmten Excursion. Wir verließen die Wagen und verfolgten zunächst noch eine Strecke die Landstraße. Links von derselben befand sich der Wünschelburger Stadtforst. Der Boden war daselbst ein sandiger Thonboden, im trocknen Zustande eine schwach rothe, im nassen eine braunrothe Färbung zeigend. Derselbe war locker, sehr tief, erdreich und frisch. Das Gestein, durch dessen Verwitterung er entstanden war, gehörte dem oberen Rothliegenden an (Rothsandstein). Dasselbe zeigte einzelne Conglomeratlagen und konnte ein leicht verwitterbares genannt werden.

Der Boden wurde, was auch der Holzwuchs bestätigte, als Fichten- und Tannenboden II. — III. Classe angesprochen. Den Hauptbestand bildeten, wie schon angedeutet, Fichte und Tanne; jedoch waren einzelne Kiefern und Buchen eingesprengt. Eine kleine Blöße in jenem Bestande bot Gelegenheit, uns mit der Bodenflora bekannt zu machen. An charakteristischen Pflanzen fanden sich vor: Epilobium angustifolium, Salix caprea, Agrostis-Arten, Petasites albus, Carduus crispus und in wenigen Exemplaren auch Sambucus racemosa. Die Nähe des Quadersandsteins jedoch bewirkte, daß diese Pflanzen einen etwas kümmerlichen Wuchs zeigten. Bemerkenswerth ist, daß Digitalis purpurea in Schlesien vollständig fehlt. Je mehr wir uns der Grenze zwischen dem Wünschelburger Stadtforst und dem Königlichen näherten, um so deutlicher wurde der Einfluß des Gesteinswechsels bemerkbar. Den Untergrund bildete noch das Rothliegende. Darüber lagen jedoch zahlreiche, von oben herabgerollte Sandsteinblöcke, welche dem Pläner- und Quadersandstein angehörten. Diese Thatsache bedingt einen vielseitigen Nährstoffgehalt des Bodens und begünstigt den Holzwuchs. Es wurden dort bei 650 m. Höhenlage noch Buchen von ausgezeichnetem Wuchse vorgefunden.

Weiterhin bot der Distrikt 52b (O. F. Carlsberg) Veranlassung zu einer abermaligen Bodenuntersuchung. Der Boden, ein lockerer, thoniger Sandboden, im trockenen Zustande hellgrau, im nassen gelbbraun, war tiefgründig und von feinerdiger Beschaffenheit. Der gute Wuchs des Ahorn und der Weißtanne, welche etwa zu 0,2 zwischen der Fichte eingesprengt waren, bewies, daß wir einen Fichtenboden mindestens III. Classe vor uns hatten. Das Gestein war der obere Quadersandstein. In dem Bestande selbst waren durch das Auftreten von Agaricus melleus einige Fichten getödtet.

So trafen wir in unmittelbarer Nähe des Weges eine 80jährige Fichte, welche von genanntem Pilze befallen und bereits abgestorben war. Jagdlich bemerkenswerth war das Vorkommen von Haselwild, was im Laufe der Excursion hier zum ersten Male angetroffen wurde.

Für den Distrikt 53b war charakteristisch das Auftreten des kalk- und thonhaltigen cenomanen Plänersandsteins. Der Bestand war ein reiner Fichtenbestand, 78jährig, wüchsig. Der Boden wurde als Fichtenboden II. Classe angesprochen. Der ganze Bestand hatte augenscheinlich sehr durch Rothfäule gelitten, in Folge dessen bei einer Anzahl von Fichten das untere Stammende bedeutend angeschwollen war. Letztere häufig vorkommende Eigenthümlichkeit der Fichte auf Kalkboden hat die irrthümliche Ansicht mancher Forstleute hervorgerufen, daß überhaupt die Fichte auf Kalkboden stets Rothfäule zeige. Diese Behauptung läßt sich dahin berichtigen, daß der Fichte auf Kalkboden nur in milden Lagen wegen der zu großen Thätigkeit des Kalkbodens durch Rothfäule Abbruch gethan wird, während man in den höheren Lagen, z. B. in den Kalkalpen, keine Spur von dieser Krankheit vorfindet. Der betreffende Fichtenbestand zeigte bei einer absoluten Höhe von 700 m. eine mittlere Bestandeshöhe von 27 m. und eine Derbholzmasse von 400 Festmetern pro hectar. Der Wuchs einzelner Weißtannen und Lärchen, welche eingesprengt waren, bestätigte, daß der Boden für genannte Holzarten, besonders für die Lärche, sehr geeignet ist. Die Lärchen zeigten dort einen Durchmesser bis zu 54 cm. und eine Höhe bis 35 m. Dabei waren dieselben bis zu $^3/_4$ ihrer Höhe astrein. Selbst die Buche wurde in dieser Höhe noch mit gutem Wuchse angetroffen. — Der Bodenüberzug wurde in der Hauptsache gebildet durch Oxalis acetosella, eine charakteristische Pflanze für humosen Boden, Rubus Idaeus, Asperula odorata und stellenweise Fragaria vesca.

Der Distrikt 54c, ein lehner Nordwesthang, zeigte einen 128jährigen Mischbestand von Fichten und Weißtannen von ausgezeichnetem Wuchse. Die mittlere Bestandeshöhe betrug etwa 38 m., während einzelne Stämme, besonders Weißtannen, eine Höhe von 42 m. und darüber erreicht hatten. Bis zu $^{2}/_{3}$ ihrer Länge waren die meisten Stämme astrein. Die Birke zeigte sich noch recht wüchsig. Auch ein Exemplar von Ulmus campestris fand sich in diesem Bestande vor mit einer unteren Stammstärke von 57 cm. Als Bestandsmasse war in dem Abschätzungswerke 784 Festm. pro hectar angegeben. — Im Untergrunde befand sich der cenomane Plänersandstein und Quadersandstein in Wechsellagerung. Der Boden war empfänglich und sehr zur Verunkrautung geneigt, daher hier die natürliche Verjüngung (Randverjüngung) am Platze. Dieselbe gewährte außerdem noch den Vortheil, daß die Mischung erhalten blieb.

Die Bodendecke bestand aus Rubus Idaeus, Fragaria vesca, und Epilobium angustifolium. Von forstschädlichen Insekten hatte Bostrichus curvidens an einzelnen Weißtannen merklichen Schaden angerichtet. Seine Gänge waren der Hauptsache nach doppelarmige, aber unregelmäßige, häufig auch geknickte Wagegänge. Manchmal verliefen auch 3 Muttergänge von einem Punkte aus, in Folge dessen der ganze Fraß fast die Gestalt eines Sternganges zeigte. Die Stämme, welche das Insekt befallen hatte, waren sämmtlich in einem kränkelnden Zustande und von unten bis oben sehr dicht besetzt. Außer genanntem Käfer hatte Bostrichus bidens einiges schwache Material angegriffen und getödtet. Die Gänge waren ziemlich regelmäßige Sterngänge. Der Käfer beschränkt sich nicht auf eine einzige Nadelholzart, sondern es leiden verschiedene mehr oder weniger durch ihn. — In demselben Distrikte fand sich noch ein 4jähriger Ahornkamp. Die Pflanzen waren im vorigen Jahre verschult und zwar in einem Verbande von 0,6 m. im Quadrat. An Samen war verwendet 2,5 Kilogr. pro Ar. In unmittelbarer Nähe befand sich ein anderer ebenfalls 4jähriger Ahornkamp mit einer Größe von 44 Ar. Die Pflanzen waren 2jährig verschult in einem Verbande von 0,6 m. im

Quadrat. Der Boden war, um den Graswuchs zu hemmen, theils auch um die Bodenfrische zu erhalten, mit Laub und Steinen bedeckt. Die Kosten des betreffenden Pflanzkampes betrugen pro Ar bei einem Männertagelohn von 1,2 und einem Frauentagelohn von 0,8 Mark:

	Männertage	Frauentage	Mark
a) Für Rajolen des Bodens bis zu einer Tiefe von 0,3 m.	3,17		3,8
b) Für Verschulen von 273 Pfl. à 100=0,5 Mark		1,7	1,36
c) Für Decken mit Laub und Steinen . .		1,42	1,136
d) Für Jäten		2,55	2,045
e) Für Herstellung eines transportablen Hordengatters incl. Holz.	2		2,4
Summa	5,17	5,67	10,74

Die Gesammtkosten stellten sich also auf 10,74 Mark pro Ar.

Der Distrikt 54b zeigte uns einen wüchsigen, aus Selbstverjüngung entstandenen Mischbestand von Tannen und Fichten. Der Boden war ein Kalkthonboden, der im trockenen Zustande eine grauweiße, im nassen eine graue Färbung zeigte. Derselbe war außerdem bröckelig, steinfrei, frisch und der I. Bodenclasse für Tanne, Fichte und auch Buche angehörig. Die Tanne zeigte daselbst bei einer Höhenlage von 750 m. einen Stammdurchmesser bis zu 1 m. und eine Höhe bis zu 42 m. Der Haubarkeitsdurchschnittszuwachs des betreffenden Bestandes betrug bis zu 8 Festmetern pro Jahr und pro hectar. Da der Boden, wie die Kalkböden überhaupt, ein sehr thätiger, zu Gras- und Unkrautwuchs geneigter war, so hatte man dort eine Bewirthschaftung in dunkeln Samenschlägen eingeführt.

Im Distrikt 50d hatten wir Gelegenheit eine Hügelpflanzung mit Fichtenbüschelpflanzen zu sehen. In einer Entfernung von 2,6 m. im Lichten waren etwa 0,4 m. breite und ebenso tiefe Gräben gezogen. Das aus den Gräben gewonnene Material wurde benutzt zur Herstellung von Pflanzhügeln zwischen den Reihen und zwar in einem Abstande von 1,3 m., so daß sich zwischen je 2 Gräben 2 Reihen solcher Pflanzhügel befanden. Die Pflanzung selbst war mit einjährigen Fichtenbüschelpflanzen nach der von Manteuffel'schen Methode vorgenommen, jedoch mit der Abweichung, daß keine Deckrasen angewendet waren. Das Pflanzen hatte gekostet pro 700 Büschel 2 Männertagelöhne. Da der Boden stellenweise vernäßt war, so dienten die Gräben zugleich als Abzugsgräben.

Im Distrikt 57 bei einer Höhe von 770 m. trafen wir einen Plänterbestand von Tannen, Fichten und Buchen. Die Tanne erreichte dort noch eine Höhe von 40 m.; auch die Buche zeigte sich recht wüchsig, war aber schon mit Flechten bekleidet.

Unmittelbar an letztgenannten Bestand grenzt die Carlsberger Feldmark. Bemerkenswerth ist, daß dort noch alle landwirthschaftlichen Culturgewächse mit Ausnahme von Weizen gezogen werden können. Jedoch tritt die Reifezeit entsprechend erst um etwa 3 Wochen später ein. Hiermit übereinstimmend war auch der Roggen noch nicht geerntet. Zum Schlusse des Tages, aber schon bei Einbruch der Dunkelheit, besuchten wir noch die Heuscheuer, woselbst wir einen leider nur sehr kurze Zeit dauernden, mir unvergeßlichen Anblick genossen, und gelangten über Carlsberg nach dem Badeort Reinerz.

Sechster Tag: 22. August.

Referent: Godbersen.

Die Excursion begann am heutigen Tage mit der Besichtigung der in unmittelbarer Nähe des Bades Reinerz gelegenen Schuhstift- und Schuhleisten-Fabrik. Dieselbe gewährte ein so interessantes Bild, namentlich in der Anwendung der sinnreichen Betriebsmaschinen, daß wir Alle die Kürze der uns zubemessenen Zeit bedauerten, die uns nicht erlaubte, den Erläuterungen des Herrn Besitzers länger Gehör zu schenken.

Was zunächst die Schuhstifte anbelangt, so werden zwei Arten derselben angefertigt, die deutschen und die amerikanischen Stifte, die ersteren aus Ahorn-, die letzteren aus Birkenholz. Bei der Anfertigung beider Arten werden ca. 30 cm. starke Stammabschnitte der betreffenden Holzarten in Teller geschnitten, deren Dicke sich nach der Länge der zu fertigenden Stifte richtet. Sodann werden bei den deutschen Holzstiften die Teller mit der sog. Spanspaltmaschine in Streifen geschnitten, die eine Kante dieser Streifen von 2 Seiten mit der Spitzmaschine zugespitzt und schließlich die Stifte in der Stiftausschlagmaschine vom Kopfe her von den Streifen abgespalten. Die Maschinen können auf die erforderliche Stärke der Stifte eingestellt werden.

Die Anfertigung der amerikanischen Stifte unterscheidet sich dadurch, daß die Teller in der sog. amerikanischen Spitzmaschine mittelst zweier verschiedener Hebel zu gleicher Zeit zugespitzt und in Streifen zerschnitten werden. Die Stifte werden hierdurch von allen 4 Seiten zugespitzt, während die deutschen nur von 2 Seiten zugekantet sind. Ferner werden bei den amerikanischen Stiften die in Streifen zerschnittenen Teller mit einer Spaltmaschine von der Spitze aus gespalten.

Die Aeste in dem Birkenholz werden aus den Tellern mit einer Bohrmaschine herausgebohrt. Bei den deutschen Stiften wird nur ganz astreines Material genommen.

Der Hauptvorzug der deutschen Stifte vor den amerikanischen besteht darin, daß erstere vom Kopfe, letztere von der Spitze aus gespalten sind und hierdurch eine unregelmäßigere Spaltfläche zeigen.

Zu einem Ctn. fertiger Schuhstifte gehören etwa 0,22 Cbm. Rohmaterial, so daß der Abfall ein sehr bedeutender (ca. 70%) ist. Der Preis eines Ctn. beträgt je nach Größe und Qualität 6—10 Thaler.

Die Schuhleisten werden aus Roth- und Weißbuchenholz mittelst einer Maschine verfertigt, die folgende Einrichtung hat.

In einem Rahmen, in welchen ein Modellleisten und ein Stück Holz, aus dem ein zweiter Leisten geschnitten werden soll, eingespannt sind, werden 2 Räder in schneller Rotation getrieben. Das eine derselben, ein stumpfes, rund abgeschliffenes Rad, dreht sich um den Modellleisten in langsamem Vorrücken vom hintern Ende bis zur Spitze desselben. Das zweite Rad, welches mit 2 krummen scharfen Eisen versehen ist, folgt genau den Bewegungen des ersten Rades und schneidet aus dem unbearbeitetem Stück Holz einen dem Modell vollkommen gleichen Leisten heraus. Die Dauer dieser Arbeit beträgt 8—10 Minuten. Im Ganzen werden ungefähr 100,000 Stück dieser Leisten jährlich fabricirt.

Der Verbrauch der Fabrik überhaupt beträgt ca. 1600 Cbm. an Rohmaterial; dasselbe wird größtentheils aus Ungarn bezogen.

Nach Besichtigung der Fabrik verließen wir das Bad Reinerz und fuhren auf Leiterwagen auf dem Reinerz-Kaiserswalder Wege am Weistritzbache entlang zwischen den Distrikten $^{143}/_{145}$, $^{136}/_{146}$, $^{132}/_{147}$.

Der Weg führte uns zunächst in 143, 145 und 146 durch 80—120jährige Fichten mit Weißtannen, welche größtentheils keinen besonders befriedigenden Wuchs zeigten. Die Bodenuntersuchung im Distrikt 145 ergab als Gesteinsart einen quarzreichen, leicht verwitterbaren Glimmergneiß. Der Boden, im nassen Zustande rothbraun, im trocknen hellgelblich, konnte als thoniger, grandiger, mitteltiefer Sandboden bezeichnet werden. Bodenüberzug: Moos, Himbeere und Heide.

Nach dem Wuchse des Holzbestandes und nach der Bodendecke IV. Bodenclasse für Fichte.

In Verfolgung des Weges kamen wir in 136 und 147 durch 20—30 jährige geschlossene Fichtendickungen, mit einzelnen Lärchen, Buchen und Ahorn durchsprengt, auf steil abfallenden Ost- resp. Westhängen. Das Gestein, welches vielfach zu Tage trat, mußte, wie vorher, als Glimmergneiß bezeichnet werden.

Im Distrikt 127 trafen wir in einer Schonung, welche aus Fichten und Tannen gemischt und horstweise mit Ahorn durchsprengt war, bei der Untersuchung des Bodens als Gesteinsart den Plänersandstein an. Der Boden, in nassem Zustande bräunlich, in trocknem gelbgrau, war ein frischer, tiefer, kalkreicher Thonboden und zeichnete sich durch reiche Bodenflora aus; II. Bodenclasse für Fichten.

Aus der Flora sind als größtentheils charakteristisch zu nennen:

Aconitum Napellus,
Convallaria verticillata,
Stachys sylvatica,
Galeopsis versicolor,
Epilobium angustifolium,
Impatiens Noli tangere,
Aegopodium podagraria,
Circaea lutetiana,
Prenanthes purpurea,
Asplenium filix femina,
Lonicera nigra,
Salix silesiaca in sehr vielen Formen.

Im Distrikt 151a wurde der dort belegene ständige Pflanzkamp besichtigt.

Die Kampfläche ist im Winter 1871/72 abgetrieben. Im Herbst 1872 wurde von der im Ganzen 62,5 Ar betragenden Fläche der Bodenüberzug abgeräumt und verbrannt, die Fläche selbst gerodet,

0,4 m. tief rajolt, von Steinen und Wurzeln befreit, darauf geeggt und endlich umgepflügt. Im Frühjahr 1873 wurde die Fläche zur Reinigung des Bodens wieder geeggt, nochmals umgepflügt und abermals geeggt, Steine und Wurzeln abgeräumt.

Die Kosten dieser Vorbereitung betrugen:

	Thlr.	Sgr.	Pfg.
Für das Abräumen und Verbrennen des Abraums $28^1/_2$ Männertagelöhne à 5 u. 6 Sgr.	5	14	—
Für das Roden, Rajolen und Abräumen der Steine und Wurzeln 307 Tagel. à 11 Sgr.	112	17	—
Für das 1. Eggen und Pflügen $3^1/_4$ Gespanntage à 1 Thl.	3	7	6
Für das 2. Eggen und Pflügen $2^1/_4$ Gesp.-T.	2	7	6
Für das 2. Abräumen der Wurzeln und Steine 25 Tagelöhne à 7 u. 8 Sgr.	6	5	9
Summa	129	21	9
Von diesem Betrage kommen in Abzug die Werbungskosten für gewonnene 62 Meter Stockholz à 9 Sgr. mit	18	18	
Rest	111	3	9
Von dieser Fläche sind 42 Ar im Frühjahr 1873 mit 2jährigen Ahornen in 0,4 m. entfernten Reihen bei 0,25 m. Pflanzenabstand in den Reihen besetzt.			
Die Kosten für das Ausheben, den Transport und das Einsetzen der Pflänzlinge betrugen bei einem Tagelohn von 7 u. $7^1/_2$ Sgr. . .	32	26	10
8 Ar der vorbereiteten Fläche wurden mit 10 Kilogramm Fichtensamen besäet; Kosten . .	5	28	8
Latus	149	29	3

	Thlr.	Sgr.	Pfg.
Transport	140	29	3
Der zweite Theil der Kampfläche, 12,5 Ar groß, wurde im Herbst 1873 und im Frühjahr 1874 in derselben Weise wie der erste bearbeitet; Kosten	28	16	—
Hiervon wurden 3 Ar mit 3,6 Kilogramm Lärchen- und 2 Ar mit 2 Kilogramm Fichtensamen besät und außerdem mit 1000 Stück einjährig verschulten Fichten besetzt; Kosten . .	4	—	—
7,5 Ar mit 5600 Stück 2 jähriger Ahorne und 750 Stück 2 jähriger Eschen in gleichem Verbande wie die pro 1873 verschulten Ahorne besetzt; Kosten	8	—	—
Das Behacken der Ahorne und Eschen sowie das Jäten des Kampes betrug	13	8	—
Die Anfertigung des den Kamp umgebenden Zaunes von 334 m. Länge bei einem Tagelohn von 12 Sgr.	22	7	3
Kosten des ganzen Kampes im gegenwärtigen Zustande	226	—	6

Der Kamp machte im Ganzen einen erfreulichen Eindruck; besonders waren die Ahorne kräftig und gesund entwickelt. Doch mußte der Verschulungsverband von 0,4 und 0,25 m. als ein zu enger bezeichnet werden. Die Pflanzen hingen bereits derartig mit den Wurzeln zusammen, daß sie einzeln nicht herausgenommen werden konnten. In solchem Zustande kann ihnen auch nicht mehr durch das Herausnehmen der jedesmaligen zweiten Pflanze Luft geschafft werden, so daß es, wenn eine baldige Versetzung derselben ins Freie nicht möglich ist, jedenfalls geboten scheint, dieselben noch einmal in weiterem Verbande zu verschulen.

Im ferneren Verlauf des Weges kamen wir im Distrikt 132g durch etwa 50jähriges starkes Fichtenstangenholz, wahrscheinlich aus Naturbesamung hervorgegangen, das horstweise vom Winde durchbrochen war, ein Zeichen, daß auch schon in solchen Stangen namentlich Wirbelwinde bedeutenden Schaden anrichten können. Der Bestand war mit sehr gutwüchsigen etwa 70jährigen Lärchen von gegen 33 m. Höhe und 40—45 cm. Brusthöhendurchmesser durchstellt. Der Boden war wie vorher tiefer kalkreicher Thonboden, das Gestein Plänersandstein.

Im Distrikt 131 erreichten wir die große Windbruchfläche vom 7. und 11. Dezember 1868 und 30. October 1870, welche sich in den Distrikten 131, 132 und 126 in einer Größe von ca. 60 hect. zusammenhängend ausdehnt. Die Fläche war vor dem Bruch mit 120—160jährigen Fichten und Weißtannen bestanden. Ein Bild des früheren Bestandes gewährte eine kleine Fläche in 131c, welche vom Sturm verschont geblieben war.

In derselben hatte der Herr Oberförster Crelinger eine Probefläche von 0,15 hect. ausgezeichnet und dieselbe in Bezug auf Masse, Bestandshöhe ꝛc. ermittelt.

Die Resultate sind folgende:

I. Fichten.

Anzahl der Stämme: 42,
Bestandshöhe: 30--37 m.,
Festinhalt: 87,57 Festm.

II. Tannen.

Anzahl der Stämme: 39,
Bestandshöhe: 30—37 m.,
Festinhalt: 108,10 Festm.

Summa: 81 Stämme mit 195,67 Festm.
Mithin stehen pro hect. 1304,5 Festmeter.

Diese Ermittlung bezieht sich allerdings auf einen ausgesuchten Theil des erwähnten Bestandes, und es ist nicht anzunehmen, daß auf der ganzen Windbruchfläche auch nur annähernd dieselbe Masse gestanden hat. Der Einschlag auf der Bruchfläche ergab eine Masse von 8—900 Fm. pro hect., immerhin sehr bedeutend für eine zusammenhängende Fläche von 55 hect.

Interessant sind die Beobachtungen des Königl. Försters Schulz zu Kohlhau, welcher den Windbruch am 7. Dezember 1868 größtentheils im Walde selbst mit erlebte. Derselbe war des Morgens in Begleitung eines Dachshundes ausgegangen und hatte mehrfach Rothwild zusammengerudelt zu Gesicht bekommen, Seine Bemühungen, seinen sonst gut jagenden Hund an das Wild heranzubringen, um das Rudel zu sprengen, blieben erfolglos. Derselbe wich mit eingeklemmter Ruthe nicht von der Seite des Försters und benahm sich überhaupt so ängstlich und mißmuthig, daß er in höchstem Grade die Aufmerksamkeit seines Herren erregte. Letzterer bemerkte auch große Unruhe unter dem Wilde, das sich fortwährend hin- und herdrängte und ängstlich nach allen Seiten äugte. Inzwischen war allmählich ein heftiger Wind entstanden, so daß bereits um 10½ Uhr einzelne Wipfel und Aeste heruntergebrochen wurden. Der Förster machte sich jetzt auf den Heimweg, fand aber während desselben die Heftigkeit des Windes weniger bemerkbar. Erst als er um 12¼ Uhr seine Wohnung betrat, brach der Sturm in seiner ganzen Heftigkeit los. Zugleich sah der Förster in demselben Augenblicke, daß die Wand des alten, unvergleichlich schönen Fichtenbestandes im Distrikt 132 plötzlich gelichtet wurde und binnen wenigen Minuten vom Boden verschwand. In genau derselben Zeit fand auch der Bruch in den übrigen Distrikten statt. Hiernach dauerte der Hauptbruch nur einige Minuten. Gegen 3 Uhr Nachmittags hatte die Heftigkeit des Sturmes bereits bedeutend nachgelassen.

Bei der Untersuchung der Bruchstellen ergab es sich, daß sämmtliche Distrikte des Schutzbezirks Kohlhau mehr oder weniger gelitten hatten. Am traurigsten war jedoch die Verwüstung in den 3 Distrikten 126 mit 15 hect., 131 mit 30 hect. und 132 mit 10 hect. Bruchfläche. Die stärksten, gesundesten Stämme waren vielfach in einer Höhe von 2—6 m. glatt abgebrochen. Nur wenige Gruppen bildeten traurige Ueberreste des prachtvollen Bestandes. Auch diese wurden am 11. desselben Monats von einem Sturme aus ziemlich entgegengesetzter Richtung geworfen, und zwar auf die lagernden Hölzer, was die Aufarbeitung sehr erschwerte. Dieselbe wurde sofort begonnen und bis November 1869 vollendet. In dieser ganzen Zeit waren beinahe ununterbrochen 130 Arbeiter damit beschäftigt, wozu zeitweise noch 100 Mann requirirtes Militair und 100 Sträflinge aus Striegau kamen.

Der Einschlag in den 3 Hauptbruchdistrikten ergab:

Dist. 126 auf 15 hect. 3073 Stück Nutzenden mit 1937,66 Cbm., und 10153,59 Cbm. Brennholz.

Dist. 131 auf 30 hect. 11246 Nutzenden mit 7225,69 Cbm., und 21158,61 Cbm. Brennholz.

Dist. 132 auf 10 hect. 3368 Nutzenden mit 2500,84 Cbm., und 6287,15 Cbm. Brennholz.

Summa auf 55 hect. 17687 Nutzenden mit 11764,19 Cbm., und 37599,35 Cbm. Brennholz.

Die Fläche wurde zum Theil gerodet, wobei die Stöcke, der Masse nach geschätzt, zur Selbstwerbung nach dem Meistgebot abgegeben wurden. 30 hect. sind bis jetzt mit Fichtenbüscheln in 1—2 m. Verband cultivirt. Nach jedem 4. oder 5. Büschel ist eine Lärche eingesprengt.

Bodenclasse meist I.—II. für Fichte.

Höhenlage 800 m. —

Nach Besichtigung der Bruchfläche führte uns der Weg zwischen 122/123 durch jüngere Fichtenbestände auf Sandstein an einer 6 hect. großen im Jahre 1873 cultivirten Bruchfläche vorbei nach Distrikt 118 und 119, wo 40 hect. 80—90jährige Fichtenbestände in ebener Lage auf zum Theil nassem sandigem Lehmboden in Zusammenhang gebrochen waren, dann durch jüngere Bestände in 115 und 114 auf dem Todtenmannwege nach 110, wo 100—140jährige Fichten, Tannen, Lärchen und Ahorne auf Lehmboden I. Classe für Fichten einen zwar stark durchbrochenen, doch noch vorzüglichen Bestand bildeten.

Durch jüngere Bestände in 106 gelangten wir nach 107, wo 100jährige Fichten, Tannen und Lärchen auf Lehmboden II. Classe den Hauptbestand bildeten.

Auch hier gewährte eine Bruchfläche von 25 hect., von der erst 10 hect. wieder cultivirt waren, einen traurigen Anblick.

Im Distrikt 107, um 1 Uhr, erwartete uns bei einem sinnreich decorirten Blockhause das erfreuliche Bild einer wohlbesetzten Frühstückstafel, das uns um so angenehmer berührte, als wir erkannten, daß die Tafel liebenswürdiger Weise von Reinerzer Damen arrangirt war. Selbstverständlich wurde es uns in solcher Gesellschaft schwer, schon nach einer Stunde vom Angenehmen zum Nützlichen zurückzukehren, und ungern vernahmen wir das Signal zum Aufbruch.

Von 107/108 führte uns der Weg um 2 Uhr zu den sogenannten Seefeldern im Distrikt 113. Dieselben liegen 800 m. über dem Meeresspiegel und bestehen aus einem 80 hect. großen Hochmoor, das zum Theil mit Betula pubescens, Betula nana und Pinus Pumilio bestanden ist.

Die Hochmoore entstehen im Gegensatze zu den Grünlandsmooren auf einer centralen Bildungsstätte in muldenförmigen Vertiefungen, in denen sich Wasser angesammelt hat. Auf dem Wasserspiegel finden sich Torfmoose, bes. Sphagnum-Arten, ein; diese ziehen viel Feuchtigkeit aus der Luft an sich, erzeugen fortwährend neue Moosschichten über sich und wachsen auf diese Weise, bis sie die ganze Mulde ausfüllen und auch zuweilen über den Rand derselben fortschreiten. Hierdurch erhält das ganze Moor eine abgewölbte Gestalt. Nach unten hin sterben die Moose ab und gehen allmählich in einen braunen Torf über.

Von charakteristischen moorbildenden Pflanzen fanden wir hier: Sphagnum cuspidatum, Carex limosa, Vaccinium Oxycoccos und uliginosum, Calluna vulgaris, Andromeda polifolia, Scheuchzeria palustris, Drosera rotundifolia, ferner als bestandesbildend Betula nana und Pinus Pumilio. Von diesen kommt Betula nana in Beständen nur auf den höchsten Mooren vor, so im Harz an einigen Stellen kniehoch und ziemlich geschlossen. An der Krummholzkiefer fanden wir die beiden Zapfenvarietäten der uncinata, bei welcher die Apophyse auf der Lichtseite hakig gebogen, und der Pumilio, bei welcher alle Apophysen der unteren Zapfenhälfte hakig hervortreten. Jedenfalls sind aber diese Unterschiede nicht durchgreifender Art, da wir mehrfach an einem und demselben Baum Zapfen fanden, welche beiden Varietäten entsprachen. — Die Untersuchungen über Art und Varietät der Krummholzkiefer sind überhaupt wohl noch nicht als abgeschlossen zu betrachten.

An den Rändern des Moores fand sich in gut wüchsigen Exemplaren Betula pubescens. Dieselbe ist charakteristisch sowohl für den Bruchboden als für die Höhenlage. Sie geht im Gebirge stets 2—300 m. höher als verrucosa.

Nach Besichtigung der Seefelder verfolgten wir den vom General de la Motte Fouqué im siebenjährigen Kriege bei Gelegenheit eines Truppendurchmarsches angelegten Knüppelweg durch Distrikt 113 und 162. Bei 840 m. Höhenlage fanden wir noch einen vorzüglichen Weißtannenwuchs, mit einigen immerhin noch 25 m. hohen Buchen durchsprengt, unter andern eine Weißtanne von 110 cm. Brusthöhendurchmesser und etwa 15 Cbm. Festgehalt. Das Gestein war ein orthoklasführender Glimmerschiefer; der Boden konnte als lockerer, tiefer, sandiger Thonboden bezeichnet werden, trocken: hellgelb, naß: gelbbraun; II. Bodenclasse für Tanne und Fichte.

Sodann führte uns der Weg durch das Dorf Grunwald, das höchste Dorf in Preußen, 860 m. über dem Meeresspiegel. An landwirthschaftlichen Culturgewächsen fanden wir noch Hafer, Kartoffeln, Roggen, Rothkohl und Flachs, theilweise allerdings, namentlich den Roggen, von kümmerlicher Beschaffenheit.

Durch die Distrikte 156/157 zur Hohen Mense hinaufsteigend erreichten wir allmählich die Schneebruchregion, wo der Bestand nur noch im Plänterbetriebe bewirthschaftet wird. Der Weg führte uns auf der Grenze zwischen Böhmen und Preußen entlang. Auf der böhmischen Seite dehnen sich hier die Forsten des Fürsten Colloredo-Mansfeld (Revier Sattel) aus.

Auf der Hohen Mense, 1085 m. über dem Meeresspiegel, angelangt, hatten wir einen herrlichen Rundblick in die Grafschaft Glatz im Osten, und Böhmen mit Josefstadt und Königgrätz im Westen. Hier auf der Westseite zeigten die Fichten noch einen recht guten Wuchs, während sie auf der Ostseite schon bedeutend abnahmen.

Auf der Spitze der Hohen Mense erwarteten uns 2 Forstbeamte des Fürsten Colloredo, die Herren Forstmeister Freyn und Revierförster Rionac, welche uns in liebenswürdiger Weise Aufschluß über das Aufforstungsverfahren auf der böhmischen Seite gaben. Nach den Angaben dieser Herren finden die Fichtenculturen in folgender Weise statt:

Die Pflanzungen werden mit 3jährigen verschulten Fichten-Einzelpflänzlingen ausgeführt, und zwar in 2 m. Quadratverband oder in Reihen mit 2 m. Reihenentfernung und 1 m. Pflanzenentfernung in denselben.

Der Verband von 2 m. Quadrat wird für die Hochlage gewählt, um die Pflanzen mit Rücksicht auf den Schneedruck zeitig an einen Freistand zu gewöhnen.

Im Herbste vor der Pflanzung werden nach obigen Pflanzverbänden die Pflanzstellen durch Pflöcke markirt, der Boden an diesen Stellen mäßig gelockert und ein Hügel von ca. 10 Cubikdecm. Inhalt aus rings zusammengescharrter Erde oder aus zugetragenem Humusboden gebildet.

Im nächsten Frühjahr wird der Hügel, der sich schon im Winter gesetzt hat, von dem Pflanzer festgetreten, darauf mit der Rodehacke ein breites Pflanzloch gemacht und die Fichtenpflänzlinge so eingesetzt, daß die Wurzeln horizontal im Radius des Pflanzloches auseinandergebreitet liegen. Darauf werden die Wurzeln mit der dem Pflanzloch entnommenen Erde zugedeckt und diese sanft angedrückt, so daß nun die eingesetzte Pflanze sich in einer schüsselartigen Vertiefung befindet, welche zur Aufnahme der atmosphärischen Niederschläge dient.

Die Kosten belaufen sich:

für Pflanzenerziehung . . .	auf	1	Thlr.	15	Sgr.	pro hect.
für Anfertigung der Hügel	„	1	„	23	„	„
für Einsetzen (incl. Transp.)	„	1	„	1	„	„
für Nachbesserungen durchschn.	„	—	„	15½	„	„
Summa		4	Thlr.	24½	Sgr.	pro hect.

Hierbei ist jedoch zu bemerken, daß diese außergewöhnlich niedrigen Kostensätze von der vor einem Decennium stattgehabten Aufforstung der Flächen herrühren und daß seitdem die Löhne auf das Doppelte gestiegen sind.

Um 5½ Uhr stiegen wir die Hohe Mense hinunter und kamen in 156, 153, 150 durch 30- bis 60jährige Stangenhölzer mit zahlreichen Schneebruchstellen.

Man unterscheidet beim Schneebruch Einzelbruch, welcher sich in Astbruch, Wipfelbruch (in älteren Stangen) und Stammbruch (in jüngeren Stangen) zeigt, sowie Massen- und Nesterbruch, der hauptsächlich in der Jugend entsteht.

Gegen die beiden ersteren Arten des Bruchs schützt hauptsächlich frühzeitige Vereinzelung, also entweder Einzelpflanzung in weitständigem Verbande oder bei Büschelpflanzung Ausschneiden der Büschel. Ferner muß in der Schneebruchregion frühzeitige und häufige, aber schwache Durchforstung eingreifen.

Wenn möglich ist der Fichte die Buche beizumischen oder doch die Tanne und Lärche, welche viel widerstandsfähiger gegen Schneebruch als die Fichte sind. Die Kiefer ist in diesen Lagen ganz unhaltbar.

Die Untersuchung des Bodens in diesen Distrikten ergab als zu Tage stehendes Gestein einen leicht zersetzbaren Glimmerschiefer. Der Boden konnte als frischer, lockerer, thätiger Sandthonboden bezeichnet werden. Im Bestande fand sich Heidelbeere und Moosüberzug mit geringer Nadeldecke; III. Bodenclasse für Fichte.

Nach Besteigung der Wagen fuhren wir um $6^1/_2$ Uhr über Grenzendorf durch die Reinerzer Stadtforst zur Reinerz-Nachoder Chaussee und nach Reinerz zurück. —

Siebenter Tag: Sonntag, den 23. August.

Am Morgen um 8 Uhr fand die Abfahrt von Reinerz nach der Bahnstation Wartha statt, die um 2 Uhr erreicht wurde. Von dort fuhren wir per Bahn nach Breslau, wo wir sogleich nach unserer Ankunft, 4 Uhr 47 Min., unter gütiger Führung des Herrn Geh. Raths Prof. Dr. Goeppert den äußerst lehrreichen botanischen Garten besichtigten. Um 9 Uhr Abends wurde die Fahrt nach Ohlau fortgesetzt, woselbst Nachtquartiere bestellt waren.

Achter Tag: 24. August.

Referent: Fintelmann.

Schon am 23. August betraten wir auf der Fahrt von Wartha nach Breslau das Gebiet der quartären Formation, und begannen am 24. August von Ohlau aus die Besichtigung darauf befindlicher Bestände im Odergebiet der Oberförsterei Zedlitz.

Da sowohl der Revierverwalter wie der Inspectionsbeamte verhindert war der Excursion beizuwohnen, so hatte bereitwillig Herr Oberforstmeister Tramnitz die Führung übernommen.

Nach kurzer Eisenbahnfahrt von Ohlau nach Kattern betraten wir in einiger Entfernung von dieser Station das Revier im Distrikt 67.

Wir finden hier, als absoluten Gegensatz zu den in den ersten Tagen der Excursion vorgefundenen Gebirgsböden, einen Au- oder Flußlehmboden, dem besten Eichenboden zuzurechnen. Mitunter, besonders im Vorland, findet man auch Sandboden auf dünenartigen Erhebungen, von plötzlichen Ueberschwemmungen der Oder herrührend.

Das Revier ist nur durch Winterdeiche und auch durch diese noch nicht genügend gegen Hochwasser geschützt, so daß der im Vorland, d. h. zwischen Stromlauf und Damm befindliche Theil allen Ueberschwemmungen ausgesetzt ist.

Man unterscheidet im Wesentlichen zwei Kategorien von Ueberschwemmungen, Winterwasser und Sommer- oder Johanniwasser. Das Winterwasser tritt ein beim Schmelzen des Schnees und Abgang des Eises im März oder April. Nach den hier gemachten Beobachtungen werden diese Ueberschwemmungen nur dann schädlich, wenn Eisverstopfungen eintreten, oder wenn nach der Ueberschwemmung plötzlich noch Frost eintritt, in welchem Falle der Hauptschaden durch den Druck des sich lagernden Eises verursacht wird, was besonders in den Weidenwerdern bemerkt werden konnte. Geringer ist der Schaden, welcher durch das Anprallen der Schollen an älteren Stämmen verursacht wird, obwohl wir diesen auch häufig sehen konnten.

Das Sommerwasser, welches zu Johanni in Folge heftiger Regengüsse und vom Schmelzen des Schnees in den Karpathen herrührt, verursacht im Großen und Ganzen auch wenig Schaden; nur wenn die jungen schon belaubten Bestände längere Zeit unter Wasser stehen und es warm ist, kann er erheblich werden. Mitunter wird auch die in den Auwaldungen so werthvolle Grasnutzung in Folge von Uebersandungen vereitelt.

Im Distrikt 67 sahen wir zunächst eine einjährige Eichenpflanzung vom Jahre 1870, welche vielfach durch die Wühlratte (Arvicola amphibius) gelitten hatte. Einen weniger gefährlichen Feind fanden wir in Pyralis tumidella.

Der Boden ist ein frischer, tiefer, steinfreier, fester, aufreißender Thonlehmboden, in trocknem Zustande gelbgrau. Die Verschiedenheit dieses Bodens von dem im Gebirge vorgefundenen zeigt uns auch schon die Flora an. Wir fanden Artemisia, Tanacetum, Achillea millefolium, Lythrum Salicaria, Melampyrum nemorosum, Veronica longifolia, Symphytum officinale, Oenothera biennis, Aegopodium Podagraria, Galeopsis Tetrahit, Rumex crispus und in großer Menge Sanguisorba officinalis, ferner von Holzpflanzen Rhamnus Frangula, Cornus sanguinea, Crataegus Oxyacantha, Prunus spinosa 2c. Auf Thon deuten besonders Tanacetum und Prunus spinosa.

Zur Linken des Weges im Distrikt 65 sahen wir einen Theil der sehr lückig und schwach bestandenen Weidenheger. Ursache des schlechten Bestandes sind nach Angabe des Försters Eisdruckbeschädigungen in Folge von Eisstauungen und außerdem Hagelschlag.

Die Heger werden im Wechselumtriebe bewirthschaftet, einjährig als Korbweiden und dann 3jährig als Bandstöcke genutzt, oder sie werden auf 6 Jahre zu alljährlicher Weiden- und Grasnutzung verpachtet. Im ersteren Falle wird der Bestand verkauft zur Selbstnutzung durch den Käufer und außerdem die Grasnutzung noch verpachtet.

Früher wurde ein 4jähriger Umtrieb als zweckmäßiger befunden, weil die Weiden bei alljährlichem Schneiden zurückgehen — todt geschnitten werden; in Meßdunk dagegen, wo alljährlich geschnitten, aber auch alljährlich gedüngt wird, werden die höchsten Erträge erzielt.

Hier ist der Betrieb ein extensiver, während er sonst der intensivste ist, der nur gedacht werden kann.

Der Korbweidenschnitt liefert hier pro Hekt. 240—280 Gebund (das 100 Gebund = 1,5 Festmeter), mithin durchschnittlich einen jährlichen Massenertrag von nur 4 Festmetern, während in Meßdunk auf schlechterem Boden die reinen Heger von Salix viminalis 12 Festm. und von S. purpurea 8 Festm. geliefert haben.

Der Grund hierfür ist darin zu suchen, daß einmal die Heger nicht rein sind — wir finden Salix viminalis, triandra, alba, purpurea und rubra (Bastard zwischen viminalis und purpurea) —, sodann daß neben der Weidennutzung auch Grasnutzung besteht, und endlich daß die Nutzung nicht durch die Forstverwaltung, sondern durch den Käufer resp. Pächter erfolgt und deshalb der Schnitt nicht vorschriftsmäßig ausgeführt wird. Größtentheils waren die Weiden zu hoch geschnitten, so daß eine Selbstbewurzelung der Ausschläge nicht eintreten konnte. Stellenweise hatte sich auch schon der verderblichste Feind aller Weidenheger, Melampsora salicina, eingefunden.

Auf einer in demselben Distrikt befindlichen Probefläche, 0,5—0,6 bestanden, welche in diesem Frühjahr geschnitten war und im nächsten Frühjahr abermals geschnitten werden soll, hatten die Ausschläge eine Höhe von 2 m. erreicht. Diese Fläche war fast rein von S. viminalis bestanden, nur wenig mit triandra gemischt.

Ueber den gelieferten Ertrag konnten keine genauen Zahlen angegeben werden. Was die Nutzung betrifft, so kann der Schnitt im Herbst durch den Winter bis ins Frühjahr hinein erfolgen; hier wird auch im August geschnitten. Wird während der Vegetationsruhe geschnitten, was für die Erzielung von kräftigen Ausschlägen am vortheilhaftesten ist, so wendet man das Wasserschälen an; zweckmäßiger ist das Grünschälen beim Schnitt in der Saftzeit. Das Schälen selbst erfolgt mit der sogenannten Handklemme.

Einjährig werden die Weiden zu Korbweiden oder zu Binde- oder Gärtnerwieden genutzt. Die Korbweiden sind am besten von purpurea, — viminalis zeichnet sich mehr durch einen großen Massenertrag aus und liefert Korbweiden, die sich nur zu gröberem Flechtwerk eignen. Bandstocknutzung findet nach 2—3 Jahren statt.

Auch hatten wir Gelegenheit eine Nachbesserungscultur zu sehen, welche jedoch nicht zum Besten gerathen, vielmehr bedeutend hinter dem alten Bestande zurückgeblieben war. Nach Angabe des Försters wäre dies ausschließlich dem hohen Johanniwasser zuzuschreiben, welches lange Zeit die Fläche bedeckt hatte; der Hauptgrund ist aber wohl in der mangelhaften Ausführung der Cultur zu suchen. Die Nachbesserung hat durch Steckpflanzung in 0,3 m. breiten und 0,3 m. tiefen Gräben stattgefunden, Dimensionen, die im Allgemeinen für zu gering erachtet werden. Die Stecklinge selbst sehen noch 5 cm. über dem Boden hervor, was zur Folge gehabt hat, daß sich die Ausschläge nicht selbstständig bewurzeln, daher auch nicht so kräftig gedeihen konnten. Die Stecklinge müssen vielmehr nach den bei Neustadt angestellten Versuchen vollständig in den Boden hineingesteckt werden.

Die in den Hegern vorgefundene Flora kennzeichnete sich durch Aira caespitosa, Phragmites communis, Lythrum Salicaria, Iris Pseud-Acorus, Humulus Lupulus, Rubus caesius, Lathyrus pratensis, Convolvulus Sepium etc.

Von schädlichen Insecten fanden wir sehr wenig: Pygaera bucephala hatte etwas entblättert; Halias chlorana fand sich auch nur wenig und fast ausschließlich an S. viminalis.

Der schon am Morgen drohende und nun plötzlich eintretende Regen beschleunigte unsere Schritte, um unter den Schutz der nahen kräftig gewachsenen alten Eichen zu gelangen, die hier den Hauptbestand des Oberholzes im Mittelwalde bilden. Dieser Mittelwald ist wesentlich verschieden von den Mittelwäldern der älteren Wirthschaft.

Gegenwärtig ist das Streben in demselben dahin gerichtet, viel Oberholz (bis zu 300 Festm., hier 240—300 Festm.) und wenig Unterholz zu erziehen und das Unterholz mehr als Bodenschutzholz zu betrachten; dies bedingt einen kurzen Unterholzumtrieb, früher meist 30jährig, dann 20jährig, wie auch hier der Fall.

Die neuere Mittelwaldwirthschaft, sich mehr dem geregelten

Plänterwalde mit Unterholznutzung nähernd, will nur einen 12- oder 10jährigen Umtrieb des Unterholzes; bei längerem Umtrieb ist meist noch ein Läuterungshieb einzulegen.

Die Eichen im Oberholz sind hier nicht so langschäftig, wie die auf Sandboden, dagegen ist die Astentwicklung überwiegend, die Formzahl daher auch eine höhere. Sie erreichen meist eine Höhe von 24—25 m.; ihr Wuchs ist rasch, das Holz dabei nichtsdestoweniger vorzüglich. Auffallend ist das geringe Auftreten der Rüster. Der Abtrieb des Oberholzes erfolgt meist flächenweise auf 0,5—2,5 Hekt. großen Flächen. Die Wiedercultur geschieht durch Pflanzung in Verbindung mit Waldfeldbau, und zwar mit einjährigem Fruchtvorbau und zweijährigem Zwischenbau von Hackfrüchten.

Distrikt 66.

Ein 35jähriger Eichenhorst aus Saat mit Fruchtbau entstanden, ausgezeichnet durch sehr kräftigen Wuchs (0,22 m. Durchmesser und ziemlich erheblichen Längenwuchs), erst zweimal, das letzte Mal in diesem Jahre durchforstet, erregte unsere Aufmerksamkeit. Unzweifelhaft hätten die Durchforstungen — etwa im 10. Jahre mit einer Läuterung beginnend — öfter als geschehen eintreten können.

In demselben Distrikt gelegen ist die sogenannte schwarze Lache, eine durch Hochwasser von der Oder gebildete Ausspülung, die bei eintretendem Hochwasser gefüllt ist und mitunter durch eine sehr mächtige Strömung bedeutende Uferabspülungen veranlaßt. Um diese Gefahr zu vermeiden oder wenigstens zu verringern, hat man Coupirungen durch Faschinenlagen und Erdschüttungen angefertigt, welche diese Lache durchsetzen, den Wasserlauf beruhigen und so allmählich eine Füllung der Lache durch Schlick- und Sandablagerung herbeiführen.

Distrikt 64.

Schlag pro 1868, 1869 besät mit 12 Scheffel Eicheln pro Hekt. in 2 m. entfernten Reihen, ziemlich gut bestanden; der Wuchs der Eichen ist kräftig, mehrfach sind dieselben jedoch von Rehen verbissen. Zwischen den Reihen hat 3 Jahre lang Fruchtbau stattgefunden.

Im Schlage pro 1875 wie auch im ganzen Revier läßt der bedeutende Ansatz von Eicheln auf ein sehr gutes volles Mastjahr schließen. Eine Eiche von 0,74 m. Durchmesser, ca. 5 Festm. enthaltend, soll ca. 5 Scheffel Eicheln tragen (für gewöhnlich rechnet man bei voller Mast auf 3 Festm. 1 Scheffel). Was den Schlag selbst betrifft, so finden wir in dem nach Classen nicht scharf abgegrenzten Oberholze (älteste Classe etwa 110—120jährig) die verschiedensten Holzarten, als: Eiche, Rüster, Esche Ahorn, Linde 2c. Das Unterholz besteht hauptsächlich aus Hasel, Maßholder, Hartriegel, Schwarzdorn 2c.

Der Hieb beginnt mit dem Unterholzhieb, ausgeführt mit Faschinenmesser oder Beil, wobei tief und schief gehauen werden muß, um einen kräftigen Stockausschlag zu erzielen. Alles Holz, was über 7 cm. stark ist, gilt als Knüppel, alles andere wird in Wellen von 1 m. Länge und 1 m. Umfang in der Mitte unter der Wiede zusammengebunden.

Bei besserem Boden ist der Ertrag = 250 Raummeter Reisig und 30 Raummeter Knüppelholz pro Hekt. Alle zu Oberholz geeigneten Laßreidel müssen stehen bleiben. Der Unterholzabtrieb beginnt unmittelbar nach dem Laubabfall; im October oder November ist derselbe meist beendigt.

Alles Unterholz wird in geregeltem Mittelwaldbetrieb gerückt, weil dann höhere Preise gezahlt und die Stöcke bei der Abfuhr nicht beschädigt werden, hier ist dies jedoch nicht üblich.

Auf den Unterholzhieb folgt die Auszeichnung des Oberholzes, die mindestens in 2 Gängen und in Anlehnung an den Abnutzungssatz zu vollziehen ist. Beim ersten Gange der Auszeichnung wird entnommen alles abständige und rückgängige Holz, alles Holz, das man im Oberholz nicht dulden will, z. B. Hainbuche, Maßholder, Aspen 2c. Jeder Baum ist individuell zu behandeln. Ferner sind alle haubaren und überhaubaren Stämme zu entnehmen. Für die Eiche ist höchstens ein 100jähriger Umtrieb anzunehmen. Im 2. Gange ist dann noch alles Oberholz auszuzeichnen, das des Schlußverhältnisses halber nicht stehen bleiben darf.

Wesentlich ist es, ab und zu mehr oder weniger große freie Stellen zu schaffen, auf denen Oberholz nachgezogen werden kann, entweder durch Reihenpflanzung oder zweckmäßiger horst- und gruppenweise in Verbindung mit landwirthschaftlichem Zwischenbau.

Die Cultur in Gruppen zwischen dem Unterholz ist möglichst

durch Heisterpflanzungen auszuführen; spätestens nach 6 Jahren muß dann geläutert werden. Hier werden zum Zwecke der Oberholz-Ergänzung größere Flächen gerodet und in Verbindung mit Fruchtbau neu bestockt, was auch recht zweckmäßig erscheint. Bis Ende April, noch vor dem Wiederausschlag des Unterholzes, muß alles Oberholz aus dem Schlage entfernt sein. Nach dem Schlagabtrieb soll eine vollständige Oberholzaufnahme wieder stattfinden vermittelst Kluppen, mit Ausnahme der nicht kluppbaren Stämme, welche durch Ocularschätzung aufzunehmen sind; dies geschieht hier jedoch nicht.

Jeder Schlag ist gewissermaßen eine Betriebsclasse mit Altersabstufungen, welche zur Alterseinheit den Unterholzumtrieb haben. — Nach Einnahme einer kleinen Erfrischung auf einem alten Saatkamp schritten wir zur Ausführung einer Oberholzauszeichnung nach den so eben angegebenen Rücksichten. Dabei wurden auch Aepfelbäume der Wildäsung wegen, und Eichen sowohl einzelständig als gruppenweise stehen gelassen.

Hierauf kamen wir zu der zweiten oben erwähnten Bodenart der Aureviere, einem sehr fruchtbaren, frischen Sandboden mit großem Antheil an Schlick, entstanden durch Sandablagerungen bei bedeutenden Ueberschwemmungen, als Kiefernboden I. Classe anzusprechen. Der etwa 60jährige, fast vollständig geschlossene Kiefernbestand ist sehr gutwüchsig und ausgezeichnet durch etwa 1 m. lange Jahrestriebe; hin und wieder sind Eichen eingesprengt, ebenfalls von gutem Wuchse, welche hier bereits mit 40 Jahren Samen tragen.

Distrikt 61. Eichen-Grünästung. Ein durch Heisterpflanzung entstandener, etwa 18jähriger, ziemlich geschlossener, gutwüchsiger Eichenbestand. Die Eichen sind im vorigen Jahr aufgeästet mit Anwendung von Theerüberzug und sind jetzt schon theilweise vollständig überwallt.

Bei Baumbeschädigungen, welche bis auf den Holzkörper gehen, werden durch schnellere und stärkere Ausbildung des Jahresrings an der Grenze der Wundflächen — veranlaßt durch geringeren Cambialdruck und somit vermehrte Zellenthätigkeit — Ueberwallungsschichten gebildet. Dieselben treten jedoch in keine organische Verbindung mit dem Holzkörper, und meistens stellt sich bis zur Schließung der Wundfläche geringere oder größere Fäulniß ein. Wenn die Fläche geschlossen, so kommt es wesentlich darauf an, was für Pilze eingedrungen sind, ob Parasiten oder Saprophyten. Bei Bloßlegung größerer Flächen tritt stets Fäulniß ein; die Wegnahme von Aesten unter 5 cm. ist jedoch statthaft. Ferner ist die Aestung nur während der Ruheperiode zu gestatten, gleichfalls um Fäulniß zu vermeiden. Herr Oberförster Blankenburg ästet dagegen bloß im August, damit keine Wasserreiser entstehen sollen.

Die Frage, ob Steinkohlentheerüberzug angezeigt ist oder nicht, ist noch nicht vollständig erledigt. Es soll durch einen solchen Ueberzug der Eintritt der Pilze verhindert werden; es entstehen jedoch, wenn der Theerüberzug der Sonne ausgesetzt ist, Risse und Spalten auf der Wundfläche, welche wiederum den Eintritt von Pilzsporen ermöglichen. Ferner ist der Theerüberzug ein weiterer Verhinderungsgrund des vollständigen Anschlusses der Ueberwallung an den Holzkörper.

Distrikt 56. Alluvial-Sandboden. Eine dünenartige Bildung, durch Ueberschwemmungen entstanden. Der Boden ist ein gering lehmiger, feiner, frischer Sand, Kiefernboden I. Cl.; 60—70jährige Kiefern, bis 32 m. hoch, reichlich mit Unterholz bestanden, hauptsächlich aus Eichen und Hartriegel bestehend. Dieser Theil bildet einen besonderen Hochwaldblock in 80jähr. Umtriebe.

Distrikt 54a. Eine 15jährige, sehr gut geschlossene und wüchsige Kiefernschonung auf Alluvialsand, ebenfalls eine dünenartige Erhebung, I.—II. Bodenclasse für Kiefern. Beim Roden der Stöcke nach dem Abtriebe des Altbestandes wurden hier 6 silberne, gut erhaltene Eßlöffel gefunden, welche vermuthlich 1806 hier vergraben worden sind.

Außerdem ist diese Erhebung noch in geologischer Beziehung interessant als Fundort eines Meißels aus der Bronceperiode. Dies deutet darauf hin, daß diese Alluvialsandaufschwemmungen im Gebiet der Oder zum Theil noch der Bronceperiode angehören. Gegen 1 Uhr erreichten wir, jener Erhebung folgend, das Dorf Kottwitz, wo eine zweistündige Mittagsrast gemacht wurde. —

Durch Speise und Trank gestärkt begaben wir uns nach dem jenseits des Dorfes etwa 1 Stunde entfernt gelegenen Theil des Zedlitzer Oderwaldes, Distrikt 42, einem sehr gut bestandenen, vollständig ausgeprägten Mittelwalde, wieder auf Flußlehmboden, I. Bodenclasse für Eiche. Im Oberholzbestand, vorzugsweise bestehend aus Eiche und Rüster, sind alle Altersclassen von 20—150 Jahren vertreten, doch die mittleren von 60—100 überwiegend. Das Oberholz ist außerordentlich langschäftig und vorzüglich wüchsig.

Der dreijährige Unterholzschlag hat bereits wieder eine Höhe bis zu 2 m. erreicht. Die Hauptmasse des Unterholzes wird gebildet von Hartriegel, Maßholder, Traubenkirsche, Hainbuche und Linde, letztere bedeutend vorwüchsig.

Im Distrikt 41 besuchten wir einen diesjährigen Schlag. Die Oberholzmasse betrug unmittelbar nach dem Abtriebe noch gegen 340 Festm. pro Hekt. Die Eichen als Oberholz, im hochwaldähnlichen Schluß erwachsen, sind bis 30 m. lang, vorzüglich wüchsig, zum Theil etwas gedrängt; das Unterholz, bestehend aus Linde, Hainbuche, Hartriegel, Hasel, ist ziemlich gut bestockt. Im 20jährigen Unterholz fanden wir Linde bis 7 m., Hainbuche 5 m. hoch, hin und wieder gemischt mit Eschen. Die Bewirthschaftung muß sich erstrecken besonders auf Freihieb der in der Krone eingeengten Eichen, sowie auf Lückenhieb auf Flächen von 2—3 Ar zur Besetzung mit Eichenheister für die Oberholznachzucht.

Angrenzend Eschenboden I. Cl. mit einzelnen vorzüglichen Eschen von 90—120 Jahren im Oberholz bestanden; eine derselben, etwa 120jährig, wurde gemessen und ergab eine Stärke von 0,52 m. und eine Höhe von 33 m.

Bei einer in demselben Reviertheil, an der Distriktsgrenze befindlichen starken Eiche von 1,7 m. Durchmesser und 28 m. Höhe, ca. 44 Festm. enthaltend, warteten unser abermals Erfrischungen und wurde eine kurze Rast gemacht. Daneben im Distrikt 39 auf einer 1,25 Hekt. großen Waldfeldbaufläche sind erfolgt bei ebensolchem Bestande 560 Raummeter oder 392 Festm., mithin pro Hekt. 310 Festm.

Im Distrikt 40 hatten wir noch Gelegenheit, einen etwa fünfzehnjährigen, aus natürlicher Besamung entstandenen, der Durchforstung bedürftigen Eichenhorst zu sehen. —

Während dieser ganzen Tour boten sich uns beim Betreten der hier zahlreich vorhandenen Waldwiesen — die zuletzt von der in röthlich schimmernden Regenwolken untergehenden Sonne durch einzelne hindurchdringende Strahlen beleuchtet wurden, —

die herrlichsten Waldbilder dar, wie man sie nur in Mittelwäldern findet.

Ohlauer Stadtforst. Hiermit war die Excursion durch die Königl. Oberförsterei Zedlitz beendet und verblieb uns nach dem Programm nur noch die Besichtigung der Anlagen von Salix caspica oder acutifolia im Ohlauer Stadtwalde, welche 1868 begonnen worden sind.

Weidenheger von Sal. caspica. In der Anlage sind 2 Weidenarten vertreten, die schmalblätterige acutifolia oder caspica und die breitblättrige daphnoides. Die Unterschiede beider Arten sind folgende: die Afterblätter von caspica sind lang, die von daphnoides kurz herzförmig; daphnoides bleibt hinter caspica zurück, auch ist das Material derselben bei weitem nicht so gut, als von der letzteren; caspica hat ferner im ersten Jahre große Spaltbarkeit, aber schmutziges Holz in Folge des bedeutenden Gerbstoffgehalts dieser Weide, sie enthält 20% mehr Gerbstoff als die anderen Weiden; ihre Schälzeit ist von geringer Dauer, sie umfaßt nur 10—14 Tage.

Der Boden ist ein frischer Lehmsandboden, der I.—II. Classe für Kiefer zuzurechnen. Die Cultur ist eine sehr gute, 5 Jahre alt; aber auch hier ist schon der Hauptfeind aller Weidenheger, Melampsora salicina, aufgetreten. Was die Anlage betrifft, so ist der Boden 0,6 m. tief rajolt, darauf sind 0,5 m. lange Stecklinge eingebracht in einem Verbande von 1,1 m. Reihenweite und 0,7 m. in den Reihen; der anderwärts übliche Verband von 2/1 m. ist ganz ungeeignet wegen Bodenverunkrautung, obiger dagegen vollständig befriedigend.

Auf jedem Stocke befinden sich 10—20 bis zu 2,5 m., durchschnittlich 2 m. lange und sämmtlich astreine Ausschläge.

Der Schnitt beginnt alljährlich am 15. October.

Der Geldertrag durch Stecklingsverkauf hat im letzten Jahre 64 Thlr. brutto ergeben; das Schock 1jährige Stecklinge von 12″ Länge wurde mit 40 Pfg. bezahlt. Die gesammte Fläche betrug 1872 ca. 7,4 Hekt., jetzt über 10 Hekt.

In dem älteren Theile hat der Wuchs jedoch bedeutend nachgelassen; es ist Düngung unbedingt erforderlich, wenn nicht in einiger Zeit Ertragslosigkeit eintreten soll.

Außerdem scheint die städtische Forstverwaltung die Absicht gehabt zu haben, durch Zwischenbau von Obstbäumen in dem jüngeren, und von Birken und Kiefern in dem älteren Theile der Anlage den Ertrag noch zu erhöhen. Die Erfolglosigkeit resp. Unrichtigkeit dieses Verfahrens ist besonders aus dem mit Kiefern durchpflanzten Theil zu ersehen; es wechseln in diesem immer je 3 Reihen Weiden mit 1 Reihe Kiefern ab. Nur die mittlere Weidenreihe zeigt noch einen erträglichen Wuchs, während die beiden äußeren Reihen von den Kiefern vollständig unterdrückt sind.

Der Wuchs der Kiefern ist allerdings kräftig, aber sehr sperrig.

Einen noch trostloseren Anblick zeigte der eine Theil, in dem Melampsora salicina schon so bedeutende Fortschritte gemacht hatte, daß, wenn nicht ernstlich Gegenmittel ergriffen werden, eine gänzliche Vernichtung der Anlage zu besorgen ist. —

Einen unermüdlichen Begleiter hatten wir während des ganzen Tages an dem zeitweise zum Schutzsuchen nöthigenden Regen, und erst als wir nach Besichtigung der Heger uns der Stadt Ohlau wieder näherten, verließ uns derselbe.

Gesang kürzte den etwa noch eine Stunde langen Weg ab, und erleichterte die Schritte einzelner durch die lange Fußtour schon Ermüdeter.

Neunter Tag: 25. August.

Referent: Friese.

Nach kurzer Fahrt von Ohlau aus betraten wir gegen 7 Uhr Morgens den Oderwald der Königlichen Oberförsterei Peisterwitz und gelangten zunächst zu der erst in diesem Jahre neu angelegten Fasanerie. Die mit dichtem Unterholz durchwachsenen Laubholzbestände, passende Weideplätze, der fruchtbare Boden, welcher den Anbau der für die Aesung nothwendigen Kraut- und Körnerpflanzen vorzüglich begünstigt, ließen dieses Revier außerordentlich geeignet erscheinen, den Wunsch Sr. Majestät des deutschen Kaisers, „eine eigene Fasanenjagd in seinem Lande zu besitzen", zu verwirklichen, zumal ein schon vorhandener starker Rehwildstand das Jagdvergnügen noch zu erhöhen versprach.

Unter Leitung des Fasanenmeisters Staffel wurde der im Jagen 149 gelegene Fasanengarten und das Fasanenhaus 1873 angelegt und aus den Fasanerien zu Dobrau, Tillowitz und Wartenberg i. Schl. 436 Fasanen beiderlei Geschlechts angekauft. Glücklich brachte man dieselben durch den Winter 1873/74, indem man sie zum Schutz gegen Verletzungen in mit Tüchern oder Netzen ausgeschlagene Kammern setzte und diese in warmen Ställen, z. B. Kuhställen, unterbrachte. Außerdem wurden den Fasanen die Flügel gestutzt, um sie am Aufflattern zu hindern und so noch mehr vor Beschädigungen zu bewahren. Im Frühjahr kamen sie in den Fasanengarten, woselbst sie balzten und die Hennen zweimal legten, indem ihnen das erste Gelege fortgenommen wurde. Die gesammelten Eier wurden zu je 25

Stück 76 Puten untergelegt, die sie in dunkelgehaltenen Brutkästen ausbrüten sollten. Da diese Kästen eben nur groß genug waren, damit die Pute bequem auf den 25 Eiern sitzen konnte, so mußte sie zur jedesmaligen Fütterung abgehoben werden. Nach 26 Tagen schlüpften die Fasanen aus, und es war der Erfolg ein so günstiger, daß von 1000 Eiern ca. 880 junge Fasanen erzogen wurden. Wie bei allem Federwilde bestätigte sich auch hier die Erfahrung, daß mehr Hähne als Hennen auskamen. Später gesammelte Eier ergaben ungleich schlechtere Resultate, ebenso hatten ca. 20 wildbrütende Hennen wenig Erfolg.

Die Erziehung und Pflege der jungen, sehr zarten Thierchen ist ungemein schwierig und erfordert die ganze Sorgfalt und Erfahrung eines für die Anzucht dieser Wildgattung besonders ausgebildeten Mannes. In den ersten Tagen bleibt die Pute noch in dem finsteren Brutkasten, dessen eine Seite so eingerichtet ist, daß dieselbe auf- und zugeschoben werden kann, wodurch den kleinen Fasanen der Austritt gestattet ist. Später kommt an die Stelle dieser verschiebbaren Wand ein Gitter, durch dessen Stäbe wohl die Jungen, nicht aber die Pute, zu der die Kleinen bei der geringsten sich zeigenden Gefahr flüchten, austreten können.

Die zu reichende Aesung ist je nach den Entwicklungsstadien eine sehr verschiedene. In frühester Jugend ist zerkleinertes Weißei von hartgekochten Eiern (wovon hier täglich 5 Schock verbraucht wurden), gemengt mit Nesseln, Schafgarbe und Petersilie, die einzige geeignete Aesung. Später tritt an deren Stelle ein aus süßer Milch und Gelbei bereiteter Käse und Puppen (sog. Eier) der Formica rufa. Sind die Fasanen stärker geworden, so giebt man ihnen gekochte Hirse, später Grütze, endlich gekochte Erbsen und Weizenkörner, bis sie bei schönem Wetter — Nässe ist ängstlich zu meiden — mit den Puten zur Weide getrieben werden können. Erwachsen dienen ihnen grüne Pflanzen und Kräuter, Würmer und Beeren von Strauchhölzern zur Aesung, und es sollen in diesem Lebensstadium nach Dietrich a. d. Winckell selbst grober Sand und kleine Steinchen wesentlich zur Stärkung des Appetits und besseren Verdauung beitragen.

Nach und nach sucht man die jungen Fasanen an das Bäumen zu gewöhnen und baut zu diesem Zwecke leiterartige Gestelle, oder steckt stärkere, vielfach verzweigte Aeste in die Erde. Vor allen Dingen ist dabei auf das Fernhalten von Raubzeug zu achten. Die Umzäunung des Gartens war zu diesem Zwecke oben mit einem sogen. Schreckdrahte versehen, einem Drahte, auf dem möglichst viele Flaschenhälse gereiht sind, und der jedem unberufenen Eindringling beim Anstoßen durch unerwartetes Klirren den Eingang zu wehren sucht. An verschiedenen Stellen sind ferner gegen Marder und Wiesel Marderfallen in den Zaun eingelassen, während gegen Hühnerhabicht, Sperber und Bussard der Homeier'sche Fangkorb — von oben fangend — gute Dienste leistet.

Da der Fasan grüne Weide ungemein liebt, auch am Behacken der Kartoffeln und Rüben sein Vergnügen findet, so war im Garten, dessen Bestand durch Unterpflanzen von Fichten möglichst dicht gemacht ist, ein Quartier zu Futterfeldern eingerichtet und mit verschiedenen Kräutern und Knollengewächsen, z. B. Hirse, St. Quentino-Mais, Kartoffeln, Runkelrüben und Riesenkohl bebaut worden. Aehnliche Felder lagen in der Nähe des Gartens, und es sollten deren Erträge den Rehen zur Winterfütterung dienen. Besonders beachtenswerth erschien auf diesen Feldern ein Knollengewächs, Helianthus tuberosus (Topinambur), aus Südamerika, das nicht allein in den Knollen, sondern auch in dem bis 2 m. langen Stengel eine vom Wilde gern genommene Aesung bietet.

Die Gesammtkosten für diese Fasanerieanlagen, incl. des Betrages für einige angekaufte Ackerflächen zu Futterfeldern, beliefen sich auf 15,000 Thlr. Schon in diesem Jahre ist die erste Fasanenjagd in Aussicht genommen.

Den guten Rehstand zu beobachten, hatten wir mehrfach Gelegenheit, und es gehörte das Antreffen einer Ricke mit 3 Kitzchen ebenfalls zu den beachtenswerthen Erlebnissen dieses Tages. —

Auf der weiteren Fahrt durch die plänterwaldartigen Orte zeigte sich in jedem Bestandesbilde die unübertreffliche Kraft und üppige Vegetation des schlesischen Oderaubodens, der die edelsten und anspruchsvollsten Holzarten bis zur vollendetsten Form zu erzeugen im Stande ist. So sahen wir die Eiche bis zu einer Stärke von 1,5 m. in Brusthöhe und darüber vertreten; Erlen 30 m. hoch, 59 und 67 cm. stark; Esche, Rüster, Berg- und Spitzahorn langschäftig und astrein, vorzügliche Nutzstämme. Nach Mittheilung des Herrn Oberförsters Hahn hatte man u. a. eine Pappel (P. tremula), 38 m. hoch, von 23 Festmetern und eine Weide (S. alba), 24 m. hoch, von 7 Festm. Derbholz, mit resp. 8 und 6 R.-M. Stockholz und resp. 2 und $^1/_2$ R.-M. Reisig I., eingeschlagen.

Jagen 141. Schlagfläche pro 1873/74 mit einzelnen übergehaltenen starken Eichen. Hier bot sich ein vorzügliches Beispiel für die Zweckmäßigkeit der Eichengruppenerziehung dar. In den „Sieben Brüder-Eichen" sah man gleichsam das Ideal einer Eichengruppe verwirklicht, und würdig scheint mir diese Stelle, dem deutschen Kaiser in Zukunft als Stand auf der Reh- und Fasanenjagd erhalten zu werden, wie dies in der That auch beabsichtigt wird.

140—150 Jahre alt, mit guter Krone, auf kräftigstem Boden stockend, haben diese prachtvollen Eichen noch eine lange, sichere Zukunft vor sich; außerdem ließe sich durch Unterpflanzen von Tannen die Sicherheit für Leben und Gesundheit dieser Baumgruppe noch erhöhen.*)

Jagen 132 und 133. 1—8jährige Eichenculturen.

Boden: Flußlehm; trocken: hellgrau, naß: dunkelgrau, schmierig; steinfrei, fest, reißt, bis 1,7 m. tief; I. Cl. für Esche, Rüster, Ahorn, Eiche, Linde. — Bodenbearbeitung am zweckmäßigsten einige Zeit nach Regen, wenn der Boden wieder etwas abgetrocknet ist; Düngung ist nie erforderlich.

Drei Jahre lang wird dieser Boden der landwirthschaftlichen Benutzung überlassen, und es beträgt in dieser Zeit der Nettoertrag 65 bis 78 Thlr. pro Jahr und Hektar. Um eine möglichst gute Durcharbeitung und Zerkleinerung des Bodens zu erzielen, wird dem Pächter die Bedingung auferlegt, bei Ueberlassung des geringeren Stockholzes die Bodenbearbeitung nur mit dem Spaten zu bewerkstelligen, nie den Pflug anzuwenden. Diese Bedingung bewirkt, daß meist kleine Leute das Forstterrain zur Vorcultur pachten, da der Bauer gewöhnlich nur mit dem Pfluge arbeiten will.

Die Fruchtfolge ist fast immer im 1. Jahre Kartoffeln, im

*) Die bei der Excursion vorgenommenen Messungen und Berechnungen ergaben: als Durchmesser 120, 113, 107, 90, 82, 80 und 76 cm. bei 1,3 m. Meßhöhe, — eine Holzmasse von 70 Festm. Derbholz, eine Stammgrundfläche von zusammen 5,15 Quadratm. und einen Kronenraum (Schirmfläche) von ungefähr 3 Ar.

2. und 3. Jahre Hafer oder Hirse. Eine Beschränkung in der Wahl der anzubauenden Culturpflanzen findet nicht statt, so daß auch Rüben, Getreide, Bohnen, Kürbiß rc. während der Vorbauzeit angebaut werden. Anders ist es, sobald im 4. Jahre der Holzanbau beginnt. Alsdann sind Hackfrüchte, Rüben und Kartoffeln, Bedingung. Der Zwischenbau ist nunmehr noch auf 3, höchstens 4 Jahre gestattet, und es stellt sich der Ertrag durchschnittlich noch immer auf 36—40 Thlr. pro Jahr und Hektar. Im ersten Jahre sind auf den 2 m. breiten Balken 3 Reihen Kartoffeln erlaubt; werden die Holzpflanzen stärker und entwickelt sich das Wurzelsystem mehr, so dürfen nur 2 Reihen, endlich im letzten Jahre nur 1 Reihe angebaut werden. So oft die Hackfrüchte behackt werden, ist auch der Boden in den Holzreihen zu lockern, eine Manipulation, welche das Gedeihen der jungen Eichen ungemein befördert.

Der Holzanbau geschieht principaliter durch Saat, eventuell durch Pflanzung mit Jährlingen oder zwei-, höchstens dreijährigem Pflanzenmaterial. Gegen Loden und Heister schien man hier ein Vorurtheil zu besitzen, ohne einen triftigen Grund anführen zu können, weshalb diese Sortimente nicht wachsen sollten in einem Boden, der, wie Versuche ergeben hatten, Pflanzen mit ungekürzter, gekürzter und geknoteter Wurzel gleich gut gedeihen ließ, und auf dem 7jährige Eichen bereits eine Höhe von 5 m. erreichen. Die Entfernung der Reihen voneinander ist, wie schon erwähnt, 2 m., und es werden pro Hektar 10 Scheffel Eicheln ausgesät. Die Saat kostet excl. Eicheln 1 Thlr. pro Hektar.

Die Pflanzung geschieht in Gräben, die 0,3 m. tief und 0,3 m. breit angefertigt werden, und es erhalten die Pflanzen in den Reihen einen Abstand von 0,3—0,6 m. je nach der Stärke und Menge des vorhandenen Pflanzenmaterials. Das Einsprengen von Esche, Ahorn und Rüster in weitem Verbande, z. B. 5 m. □ Verband, würde hier sehr zu empfehlen sein. Bei einem Männertagelohn von 11 Sgr. und einem Frauentagelohn von $5^1/_2$ Sgr. betrugen die Kosten für das Pflanzen von einjährigen Eichen 5 Sgr. 10 Pfg. pro 100, so daß bei einem Abstande der Pflanzen in den Reihen von 0,3 m. die Culturkosten $32^1/_2$ Thlr. pro Hektar betragen. Die Pflanzung von zwei- und dreijährigen Eichen kostet 7 Sgr. 1 Pfg. pro 100, also $39^1/_2$ Thlr. pro Hektar.

Die Kämpe, sofern das erforderliche Pflanzenmaterial nicht zwischen den Holzreihen erzogen wird, erfahren die gleiche Behandlung und liefern vorzügliches Material, da einzelne Jährlinge bereits die Höhe von reichlich 0,70 m. erreichen.

Die gesäten und gepflanzten Eichen, selbst die nicht sorgsam gepflanzten, wachsen stets, so daß Nachbesserungen nur da nothwendig werden, wo durch den Fraß der Wühlratte oder durch den Engerling Fehlstellen entstehen. Diese beiden Feinde machen sich allerdings zuweilen recht unangenehm bemerklich, und es fanden sich sogar 2 m. lange Eichen, deren Wurzelknoten bereits 5 cm. stark war, von der Wühlratte durchgenagt. Die Wurzeln bis ca. 25 cm. Tiefe, soweit dieselben markig sind, dienen diesem Thiere zur beliebten Nahrung.

Bei 8—9 Jahren tritt bereits die erste Durchforstung auf Faschinen ein, bei 15 Jahren auf Rindengewinnung. Jede Durchforstung in Eichen muß früh und stark geschehen, und namentlich auf alle zurückbleibenden Stämme sich erstrecken. Für die Wiederkehr gilt als Regel ein 5jähriger Turnus, doch wird hier bei den ausgezeichneten Wachsthumsverhältnissen, in Folge deren in 28jährigen Eichenorten einzelne Stämme bereits eine Stärke von 20 cm. erreichen, eine Wiederholung der Durchforstung alle 2—3 Jahre nothwendig.

Es stellten sich die Erträge einzelner Durchforstungen pro Hektar:

Bei 10 Jahren auf 368 Faschinen;

bei 16 „ „ 15 R.-M. Reisig I. mit 17 Ctnr. Rinde (man rechnet auf 1 R.-M. Holz 1,1 Ctnr. Rinde);

bei 24 Jahren, nachdem man in den beiden Vorjahren ebenfalls durchforstet hatte, auf 6 R.-M. Knüppel, 15,7 R.-M. Reisig I., 80 Gebund Gipfelfaschinen und 25 Ctnr. Rinde; letztere wird mit 1 Thlr. 12 Sgr. pro Ctnr. verwerthet.

Der Bruttoertrag des Oberwaldes stellt sich auf 22 Thlr. 24 Sgr. 4 Pfg. pro Jahr und Hektar.

Jagen 116b. Der Ritscheberg. Hier hatten wir Gelegenheit, bis 72 cm. starke und ca. 38 m. lange Weymouthskiefern mit Juglans cinerea als Unterholz zu sehen. Unter den Wipfeln dieser stattlichen Bäume liegt der sogenannte Ritscheberg, ein früherer heidnischer Begräbnißort, wie ausgegrabene Urnen dies verriethen. Jetzt dient dieser schattige, schöne Platz fröhlichen Menschen zum Vergnügungsort, und auch am heutigen Tage hatte derselbe, Dank der liebenswürdigen Aufmerksamkeit der Peisterwitzer Forstbeamten, ein festliches Gewand angelegt.

Nur zu schnell mußten wir dieses schöne Revier verlassen, da andere Sehenswürdigkeiten unser warteten. Mittags gegen 12 Uhr erreichten wir das Dorf Scheidelwitz, wo wir mit einem kräftigen Horrido von Herrn Oberförster Hahn schieden, und nun Herr Oberförster Kirchner die Führung durch das Forstrevier Scheidelwitz übernahm.

Hatten wir uns am Vormittage ausschließlich auf dem fruchtbaren Flußlehmboden bewegt, so betraten wir jetzt den Sandboden, der an den verschiedenen Stellen des Reviers theils durch Ueberlagern und Beimengung von Moorerde, theils durch größeren oder geringeren Gehalt an Lehm eine große Mannigfaltigkeit zeigte, überall aber die herrlichsten und interessantesten Mischbestände trug. Wenn man bedenkt, daß die Oberförsterei Scheidelwitz bei einer Größe von über 5000 Hekt. in den ersten beiden Capiteln des Culturplanes — für Nachbesserungen und Neuculturen – nur einen Etat von 300 Thlr. beansprucht, so ist dieser Umstand einerseits ein Beweis für die ungeschwächte Kraft des Bodens und für die Tüchtigkeit des Revierverwalters, andererseits bedingt durch die dort beobachtete eigenthümliche Bewirthschaftungsart, nämlich durch die Bewirthschaftung im Femelschlagbetrieb, durch den die Axt zum Hauptculturinstrument gemacht wird, und bei dem die rechtzeitig eintretende Ernte des älteren, nutzbaren Holzes die sicherste und billigste Culturmaßregel ist.

Jagen 150c. 1. Bodenart: Diluvialsand, weißlich, mittelkörnig, etwas kiesig, im Obergrunde eine 20 cm. starke Moorschicht, feucht. II.—I. Cl. für Kiefern, letztere bis 32 m. hoch.

Bodenflora: Vaccinium Myrtillus und Oxycoccos, Pteris aquilina, Aspidium filix mas.

Bestand: Kiefer, Fichte und Tanne.

Dieser Boden, durch flach anstehendes Grundwasser stets frisch, eignet sich ganz vorzüglich zur Verjüngung der Nadelholzbestände durch Samenschlagstellung, und es ist diese Abtheilung auch in der That auf solche Weise wieder verjüngt worden. Kahlschläge würden durch leichtes Auffrieren des Bodens, Erfrieren der Pflanzen und durch einen alles erstickenden Graswuchs die Wiederaufforstung, wenn nicht unmöglich, so doch äußerst schwierig machen. Sehr empfehlenswerth ist es, solche

Mischbestände durch Randschläge zu verjüngen, und es kann dadurch namentlich die Weißtanne begünstigt werden.

2. Bodenart: diluvialer Moorsandboden, naß, mit flachem Wasserspiegel, Sturmgefahr daher sehr groß; 30 cm. starke Moorschicht.

Bodenflora: Vaccinium Vitis idaea und Oxycoccos, Andromeda polifolia, Sphagnum palustre, Molinia coerulea.

I. Cl. für Kiefern mit einem Haubarkeits-Durchschnittszuwachs von 7 Festm. pro Jahr und Hektar. Eine Kiefer war dort 32 m. lang und 72 cm. stark mit ca. 4 Festm. Inhalt.

Auch dieser Boden verlangt die gleiche Behandlung wie der vorhergehende, und erschwert, falls er nur wenige Jahre frei liegt, den Wiederanbau ungemein.

Jagen 151c. 1. Ein Kiefernballenkamp, durch breitwürfige Saat auf nur abgeschältem Boden angelegt. Samenquantum 0,2 Kilogramm pro Ar.

Wie die Erfahrung hier und an anderen Orten gelehrt hat, ist diese Methode der Erziehung von Kiefernballen eine sehr unzweckmäßige, da bereits im vierten Jahre die meisten jungen Pflanzen der Schütte und dem nicht zu unterdrückenden Graswuchse erlegen sind. Besser ist es, Ballenpflanzkämpe einzurichten, in denen man mit dem Stieleisen einjährige Kiefern in 0,2 m. □ Verband pflanzt.

2. Fichtenrillenkamp, der ebenfalls stark durch die Schütte gelitten hatte. Der Boden war mit dem Spaten umgegraben worden, die Rillen 20 cm. voneinander entfernt angefertigt und mit dem Samenquantum von 0,83 Kilogramm pro Ar besät worden.

Jagen 174 und 184. Boden I. Cl. für Erlen, die eine Höhe von 24—25 m. erreichen. In diesen beiden Jagen sind den Erlen vielfach andere Laubhölzer, z. B. Winterlinde, Aspe, Hainbuche und Bergahorn, beigemischt, und es erhalten die Bestände durch das häufigere Vorkommen von Betula pubescens den Charakter des Bruchwaldes.

Da jedoch von einzelnen alten Eschen, welche durch Dürre und Sinken des Wasserspiegels, letzteres bedingt durch die Fahrbarmachung des dort befindlichen Gestelles *J*, theilweise krank resp. trocken geworden waren, ein sehr gut zu benutzender Anflug sich eingefunden hatte, so wird beabsichtigt, diese Orte aus Erlen in Eschen umzuwandeln. Zu diesem Zwecke werden die Bestände in mehreren, gewöhnlich 3 Hieben vom alten Holze geräumt, je nachdem die jungen Vorwüchse einer vermehrten Lichteinwirkung bedürfen, ohne indessen durch plötzliche zu starke Freistellung den Gefahren des Frostes und Graswuchses preisgegeben zu werden.

Die Natur der Esche gestattet nicht eine Erziehung in reinen Beständen, selbst größere und kleinere Horste sind unbedingt zu vermeiden; allein richtig ist der Einzelstand. Sehr bald stellen sich reine Eschenbestände licht, die Stämme werden sperrig und der Schaft bleibt kurz, während unter anderen Verhältnissen dieser Baum die Höhe von 35 m. und darüber erreicht; stets geht der Boden zurück, wo nicht andere Holzarten den Bestand füllen. Darum wurde auch hier Sorge getragen, durch Unterpflanzen von Fichten diesen Uebelständen vorzubeugen.

Jagen 141 c. Diese Abtheilung, eine aufgeforstete ehemalige Wiese, zeigte eine Mischcultur von Fichte und Eiche. Wegen der zu fürchtenden Frostgefahr hatte man Obenaufpflanzung gewählt, und zwar für die Fichten die Manteuffel'sche Deckhügel-, für die Eichen Rabattenpflanzung. 6 Reihen Fichten, die in sehr starken Büscheln zu 6—8 Stück gepflanzt waren, wechselten mit einer Reihe Eichen, wozu man einjähriges Pflanzenmaterial genommen hatte. Der Verband war 1 m. im □, und es kostete das Hektar $19\frac{1}{2}$ Thlr. bei einem Frauentagelohne von 5—6 Sgr.

Auf den anstoßenden Flächen zeigten sich verschiedene Mischungen von Nadelhölzern, Erlen, Eschen und Hainbuchen, von denen einzelne Exemplare bedeutende Dimensionen erreicht hatten. So eine Hainbuche 62 cm., eine Esche 72 cm., eine Erle 80 cm. stark, bei welcher letzteren nach vielfachen, lebhaften Widersprüchen ein Inhalt von 6 Festm. constatirt wurde.

Der Boden wurde als Eschenboden II., Kiefern- und Erlenboden I. Cl. angesprochen. Auch die Bodenflora kennzeichnete denselben als einen vorzüglichen, indem Daphne Mezereum, Mercurialis perennis, Petasites albus, letzterer einen namhaften Thongehalt des Bodens anzeigend, gefunden wurden. —

In den folgenden Beständen hatten wir Gelegenheit, die von Herrn Oberförster Kirchner mit so gutem Erfolge angewendete Vorwuchswirthschaft in den verschiedenartigsten Verhältnissen sowohl nach Alter, als auch nach Mischung kennen zu lernen. Bei dieser Art der Wirthschaft wird unter dem Schirme des Altbestandes die Verjüngung vollzogen, ohne daß etwa eine regelrechte Samenschlagstellung vorangegangen wäre. Ehe man mit dem Hiebe in solche durch Heraufziehen der Vorwüchse zu verjüngende Bestände hineingeht, ist bereits ein Anflug resp. Aufschlag vorhanden, welcher junge Nachwuchs nun durch allmähliches Lichten und sorgsame Pflege zum geschlossenen Bestande erzogen wird. Ohne an strenge Regeln gebunden zu sein, ist es dem Wirthschafter überlassen, den Grad der Lichtung und der Unterbrechung des oberen Bestandesschlusses abzumessen.

Die Vorwüchse bedürfen in ihrer frühesten Jugend gar sehr des Schutzes durch den Mutterbestand gegen Unkraut und Frostgefahr, welche letztere wegen der zahlreichen Frostlagen in Scheidelwitz keine geringe ist. Erst wenn sie diesen Gefahren entwachsen sind, kann man stärker lichten, bis in 3—4 Hieben der junge Bestand vom alten Holz gänzlich geräumt ist. Unter dem Schirme des Mutterbestandes wird ferner der Boden empfänglich erhalten, so daß da, wo noch Lücken vorhanden sind, stets die Naturansamung erfolgen kann, falls man, um allzu große Ungleichaltrigkeit zu vermeiden, nicht vorziehen sollte, künstlich nachzubessern.

Diese Vorwuchswirthschaft läßt sich bei den meisten unserer bestandesbildenden und einzeln als Mischholz auftretenden Holzarten durchführen, nur die Kiefer spottet aller Bemühungen; bei ihr gelingt es nie, die Vorwüchse zu einem Bestande mit gutem Nutzholze heraufzuziehen.

Sache einer sorgsamen Bestandespflege ist es endlich, den heraufwachsenden jungen Beständen angemessene Mischungsverhältnisse zu geben und diejenigen Holzarten zu erhalten und zu begünstigen, die der Güte des Bodens am meisten entsprechen, seine Frische erhalten und den höchsten Nutzwerth besitzen. Unter den uns vorgeführten Beständen waren z. B. Mischungen von Eiche und Fichte. Beide Holzarten hatten sich gleichzeitig eingefunden; die Folge war, daß die Fichte durch schnelleres Wachsthum das Leben der Eichen bedrohte. Man war genöthigt, die Fichten herauszuhauen, um aber den Fuß der Eichen nicht ungedeckt zu lassen, wieder Fichten unterzubauen, die nun nicht mehr im Stande waren, die Eichen zu überholen.

Die Mischungen von Fichten, Tannen und Buchen, von Eichen,

Buchen, Fichten und Tannen, von Eichen und Fichten waren in den verschiedensten Entwicklungsstadien vorhanden, vom eben angehauenen Orte an bis zur bereits fertigen Cultur und heraufwachsenden Dickung.

Eichenvorwüchse gefüllt mit Kiefern hatten schlechte Resultate geliefert, indem die Kiefer die Eichen zu schnell überwuchs, auch kurzschäftig und sperrig wurde, ohne den Boden gehörig decken zu können. Die Fichte thut sowohl als Bodenschutzholz wie auch als Treibholz ungleich bessere Dienste.

Als 3. Bodenart fand sich in den betr. Beständen Sandlehmboden, etwas kiesig, tief, locker, zerreiblich; Eichenboden II., Fichten- und Tannenboden I. Cl.; bestockt mit Eiche, Tanne, Fichte und Rothbuche, die in den Forsten Schlesiens nur sehr sporadisch auftritt.

Jagen 63 und 64. Beide Jagen mit 200jährigen, ziemlich gleichaltrigen Eichen bestanden, deren zum größten Theile kräftiges und gesundes Aussehen noch auf ein längeres Aushalten Hoffnung giebt. Behufs Herausnahme des schadhaften und voraussichtlich nicht mehr lange aushaltenden Holzes sind diese beiden Jagen genau ausgekluppt worden, wobei für Jagen 63 ein Bestand an Eichen von 502 Festm., für Jagen 64 von 465 Festm. pro Hektar festgestellt wurde. Davon sind 149 resp. 177 Festm. pro Hektar als herauszuhauend bezeichnet, und zwar erfolgt der Hieb strichweise. Die Fehlstellen werden sofort wieder mit Fichten bepflanzt, sofern nicht benutzbare Vorwüchse bereits vorhanden sind.

Gestell r. Jagen 42/43. Die Königsfichte. Auch dieser Baum legt Zeugniß ab von der Kraft und Fruchtbarkeit des Scheidelwitzer Bodens. Bei einer Höhe von 162 Fuß und einer Stärke von 6 Fuß in Brusthöhe ist sein Inhalt mehrfach auf $13^{3}/_{4}$ Klafter berechnet worden. Weit über die angrenzenden Bestände hinausragend, erregt dieser Riese die Bewunderung aller der vielen Besucher, deren sich der schöne Platz zu erfreuen hat. Sein Alter zählt gewiß nach Hunderten; da aber der prächtige Baum noch heute ganz gesund ist, so wollen wir ihm noch ein recht langes Leben wünschen; es möchte sich schwer ein auch nur annähernder Ersatz finden lassen.

Ein kräftiger Imbiß war hier angerichtet, dem Jeder mit bestem Appetit zusprach. Hatte der Himmel während des ganzen Nachmittags mit Regen gedroht, so schien ihm jetzt der geeignetste Augenblick gekommen, um seine Drohung in Ausführung zu bringen. Nichtsdestoweniger erklang ein Hoch auf das Wohl des Herrn Oberförsters Kirchner und seiner Beamten, der Pfleger dieser Wälder, so laut und kräftig, daß gewiß Niemand eine durch die Ungunst des Himmels hervorgebrachte Trübung in der Stimmung zu erkennen vermochte.

Leider zwang uns die vorgerückte Zeit, den letzten Theil der für diesen Tag bestimmten Tour schneller zurückzulegen, als es die noch folgenden interessanten Bestände wünschenswerth erscheinen ließen, und konnten nur noch wenige Punkte eingehender betrachtet werden.

Jagen 23. In deutlichster Weise zeigte es sich hier, wie nothwendig es ist, beim Heraufziehen von Vorwüchsen durch Bestandespflege, namentlich Läuterungshieb, der Eiche gegen die Nadelhölzer zu Hülfe zu kommen. Der Ort war hervorgegangen aus Eichenvorwüchsen, zwischen denen Kiefer und Fichte angebaut worden waren. Die Cultur wuchs zu einer sehr dichten Dickung heran, in welcher die Eiche durch den ungemein eingeengten Standort bemoost und schlechtwüchsig erschien, man auch befürchten mußte, daß sie von den Nadelhölzern völlig erdrückt werden möchte. Um die Eiche zu retten, sollen auch hier die verdämmenden Nadelhölzer herausgehauen, und zur Deckung des Bodens wieder Fichten untergebaut werden, die Kiefer aber ganz ausgeschlossen bleiben.

Jagen 47b. Ein Weymouthskiefernbestand aus Pflanzung hervorgegangen. Boden: Frischer Sandlehmboden auf Lehm; I. Bodenclasse für Kiefern.

Dieser 79jährige Bestand zeigte einen vorzüglichen Wuchs, obgleich darin Streunutzung stattgefunden hatte. Nur die Heidelbeere, sonst diesem kräftigen Boden bei solchem Schlusse, wie er hier vorhanden war, nicht eigenthümlich, hatte sich als Verräther dieses Mißbrauches eingefunden. — Die Weymouthskiefer ist eine Holzart, die sich wegen der geringen Brauchbarkeit ihres Holzes im jüngern Alter für den Anbau wenig empfiehlt, obwohl sie durch stärkeren Nadelabfall den Boden besser conservirt, als dies die gewöhnliche Kiefer thut. Ihre Ansprüche an den Boden sind nicht gering, sie verlangt einen guten, namentlich frischen Boden; Moorboden giebt für diese Holzart, wie dies ein Vorkommen derselben in Oldenburg beweist, einen passenden

Standort. Das Holz wird zur Streichhölzerfabrikation gebraucht, und, da es sich nicht wirft, auch zu Eisenbahnwaggons.

Eine Probefläche hatte als Resultat ergeben: 940 Stämme pro Hektar, 28 m. Bestandeshöhe bei einem Alter von 79 Jahren, also durchschnittlich 0,35 m. jährlicher Höhenzuwachs. Bei Zugrundelegung einer Formzahl von 0,44 ergiebt sich als Masse 850 Festm. und ein Durchschnittszuwachs von 10,6 Festm. pro Jahr und Hektar.

Jagen 26. Zum Vergleich mit der Weymouthskiefernfläche ist hier in einem ebenfalls 79jährigen Kiefernbestande, der auf demselben Boden stockt, auch eine Probefläche ausgewählt worden. Diese hat ergeben: 560 Stämme pro Hektar, 29 m. Bestandeshöhe, mithin 0,38 m. jährlicher Höhenzuwachs; 517 Festm. (Formzahl = 0,38), also 6,5 Festm. Massenzuwachs pro Jahr und Hektar. Trotz der geringeren Masse dürfte dieser Kiefernbestand doch wegen des bedeutenderen Gebrauchswerthes des Kiefernholzes einen größeren Werth haben als der Weymouthskiefernbestand.

Jagen 70a. Eine aus Hackstreifensaat hervorgegangene 20jährige Mischung von Kiefer und Fichte. Obgleich die Wachsthumsverhältnisse dieser beiden Holzarten, namentlich in der Jugend, sehr verschieden sind, so empfiehlt sich diese Mischung doch, zumal da wo die Kiefer begünstigt werden soll.

Letztere, anfangs bedeutend schnellwüchsiger, läßt die Fichte zurück und überweist dieser mehr die Rolle des Bodenschutzholzes. Erst nach etwa 20 Jahren geht die Fichte energisch in die Höhe, ist nun aber nicht mehr im Stande sich vollständig durchzuarbeiten. Ohne Gefahr läßt sich bei dieser Mischung die Kiefer stark durchforsten, während in reinen Kiefernbeständen eine mäßige Durchforstung die Regel bildet. Weder eine zu starke Entblößung des Bodens, noch ein Sperrigwerden der Kiefer ist zu befürchten, denn überall, wo eine Lücke entsteht, schiebt sich die Fichte ein und sorgt für den Bodenschutz und das Reinigen der Kiefer. An Samen hatte man pro Hektar 6 Kilogr. Kiefern- und 4 Kilogr. Fichtensamen verwendet, bei einer Entfernung der Hackstreifen von 1,57 m. von Mitte zu Mitte. —

Hiermit erreichte die Fahrt durch das Scheidelwitzer Revier ihr Ende, da die schnell stärker werdende Dunkelheit den Aufbruch nach Brieg nothwendig machte.

Zehnter Tag: 26. August.

Referent: Reuß.

Für den zehnten Tag der diesjährigen Herbstexcursion, den 26. August, war die Besichtigung der Königlichen Oberförsterei Cosel in der Nähe der gleichnamigen kleinen Festung in Aussicht genommen. Die Theilnehmer an der Excursion begaben sich dorthin unter Benutzung des von Brieg aus um 6 Uhr früh nach dem Süden gehenden Zuges. Während der Fahrt passirten wir Oppeln, wo das Gepäck abgegeben wurde, um von dort aus am Abend per Wagen nach Proskau weiter befördert zu werden.

Während der Fahrt hatten wir wiederholt Gelegenheit, größere Kalksteinbrüche, sowie zahlreiche Kalkbrennereien mit einer Menge von Schachtöfen zu sehen, letztere besonders bei dem Dorfe Gogolin in erheblicher Zahl.

Auf der Station Leschnitz verließen wir die Bahn, in der Nähe des berühmten und weithin sichtbaren Wallfahrtsortes Annaberg.

Auf dem Bahnhofe erwartete uns der Königliche Oberförster Herr Rosch, der die Oberförsterei Cosel schon seit längerer Zeit verwaltet und an diesem Tage die Führung der Excursion freundlichst übernahm.

Wir fuhren von Leschnitz aus nach kurzem Aufenthalte dem etwa eine Stunde von hier entfernten Reviere zu.

Die Oberförsterei Cosel zerfällt in zwei nach Art ihrer Bewirthschaftung und auch räumlich durch die Oder völlig voneinander getrennte Theile, einen größeren und einen kleineren. Letzterer umfaßt in einer Größe von rund 400 Hektaren den sogenannten Mechnitzer Oderwald, auf der westlichen Seite des Oderstromes auf Oderauboden gelegen. Die hier allein herrschende Holzart ist die Eiche, und zwar vornehmlich die Stieleiche. Der andere, größere Theil der Oberförsterei ist ein Nadelholzhochwald mit den verschiedenartigsten Mischbeständen von Kiefer, Fichte, Lärche, auch Tanne und Weymouthskiefer. Von diesem Theile besuchten wir verschiedene Punkte der Schutzbezirke Klodnitz und Lenkau, welche einen Flächenraum von 1787 Hektaren einnehmen.

Der Besuch der Excursion galt zunächst dem Mechnitzer Oderwalde. Wir gelangten, nachdem wir mittels der Dzieschowitzer Fähre die Oder passirt hatten, zuerst an Block III. des genannten Reviertheiles.

Dieser ganze im Oderinundationsgebiete gelegene Mechnitzer Oderwald ist erst seit dem Jahre 1843 von dem jetzigen Oberförster Herrn Rosch begründet worden. Früher wurde das Land als Wiesenfläche benutzt, und es fanden sich bei der Aufforstung mit Eichen nur einige kleine Hainbuchenbestände vor.

Sämmtliche Eichenhochwald-, sowie die noch von früher her vorhandenen Hainbuchenbestände sollen jetzt zu Eichenschälwald gemacht werden, womit man zum Theil schon begonnen hat. Zu diesem Zwecke ist auch eine neue Eintheilung des ganzen Schutzbezirkes in letzter Zeit vorgenommen worden; die früher vorhandenen Distrikte (76—91 der Oberförsterei) sind jetzt in 4 Blöcke zu je 15 Schlägen getheilt worden. Die Schläge laufen, soweit es thunlich war, parallel auf mehrere größere Hauptlinien aus.

Der Boden läßt sich eintheilen in:

1. Flußlehmboden, steinfrei und sehr feinkörnig, in trockenem Zustande rissig, sonst schmierig; derselbe ist nur in frischem Zustande zu bearbeiten.
2. Lehmsandboden, etwas kiesig, mitunter auf einer Kiesunterlage.

Von den 400 Hektaren des Mechnitzer Oderwaldes nehmen die Hainbuchenbestände, sowie die Schläge I—IX von Block IV (eingetauschte Ackerflächen), die erst später aufgeforstet werden sollen, ca. 100 Hektar ein.

Ueber die Erziehung der Eichenhochwaldbestände läßt sich im Allgemeinen vorausschicken, daß dieselben fast sämmtlich durch Saat entstanden und im Waldfeldbetriebe ohne Brenncultur behandelt worden sind. Die Saat erfolgte nach vorausgegangener dreijähriger Verpachtung der Fläche zur Vorcultur, meist in Verbindung mit der letzten Halmfrucht. Die Fruchtfolge war gewöhnlich: Hirse, — Sommerfrucht, — Sommerfrucht, und zwar des Winterwassers wegen Weizen oder Hafer. Bei dem vierten Fruchtanbau erfolgte dann Eichenmitbau in der Art, daß die Eicheln im Frühjahr in die dritte oder vierte Pflugfurche gelegt und mit der Erde aus der nächstgelegenen Furche 3" (8 cm.) hoch bedeckt wurden. Nach den Eicheln wurde Hafer übergesät und eingeeggt. Bei der Ernte wurde die Halmfrucht hoch abgeschnitten, damit keine Verletzung der inzwischen aufgegangenen Eichen erfolgte. An Saatgut wurden pro Morgen 3 Scheffel Eicheln verbraucht zu einem damaligen Preise von 8 bis 10 Sgr. pro Scheffel. Die Kosten des Eichelneinlegens betrugen außerdem noch 15 Sgr. pro Mgn., mithin die ganze Cultur $1^1/_2$ Thlr. pro Mgn. Der Tagelohn war zur Zeit der Bestandsanlage 6 Sgr. pro Mann; das Einlegen erforderte demnach 2,5 Tagelöhne pro Mgn.

Die Pacht bei dem Vorbau betrug 10—12 Thlr. pro Mgn., für den Zwischenbau wurde keine Pacht gezahlt. Dies findet darin seinen Grund, daß für den Pächter der Ertrag der Zwischennutzung ein ganz erheblich geringerer ist als der des Fruchtvorbaues, und daß andrerseits für die Forstverwaltung durch die Bodenbearbeitung, die der Pächter ausführt, ein großer Vortheil gewonnen wird.

Von Ueberschwemmungen seitens der Oder haben die Bestände wenig zu leiden gehabt; seit 1854 ist kein bedeutendes Hochwasser gewesen. Am gefährlichsten wirkt stets das Sommerhochwasser durch seine lange Dauer, während das Frühlingshochwasser sehr schnell (oft in 24 Stunden) verläuft. Ob und in welcher Weise das Hochwasser den jungen Stockausschlägen gefährlich ist, wird noch näher zu untersuchen sein, wenn erst größere Flächen Eichenschälwald vorhanden sein werden.

Auf der Bereisungstour kamen wir zunächst an Schlag IV, Block III. Hier fanden wir einen jetzt 26jährigen Eichenbestand, der demnächst umgewandelt werden soll. Der Bestand hat die bedeutende

Höhe von 10 m. im Durchschnitt, und mehrere zur Probe gemessene Stämme ergaben einen Durchmesser von 13 cm. in Brusthöhe. Zur Prüfung der Reidelrinde wurde ein Stück ausgeschnitten, und es ergab sich dasselbe als recht gut, besonders sehr fleischig, mit dickem Baste. Die Rinde soll in Folge dessen auch sehr gesucht sein.

Ueber die Art und Weise des Rindenverkaufs ist Folgendes zu bemerken:

Die Rinde wird vom Käufer gewonnen, und zwar bezahlt derselbe die von 1 Rmtr. Schälholz zu gewinnende Rinde als Verkaufseinheit mit einem bestimmten Preise, welcher zuletzt 4 Mark betrug. Die Licitation erfolgt vorher pro Schlag. Ein Rmtr. Rinde wiegt ungefähr 3 Centner.

In dem Eichenbestande fand sich ziemlich viel Hainbuchenunterwuchs vor, durch Anflug von der Seite her entstanden. Diese Holzart giebt, da sie ziemlich viel Schatten erträgt und den Boden bessert, für die Eiche ein gutes Unterholz ab; weniger gut ist sie als Zwischenholz, da sie hinter der Eiche in Alter und Nutzbarkeit zurückbleibt.

In der Niederung zur anderen Seite des Weges sahen wir eine Art der Weidencultur, welche hier öfter zur Ausführung gekommen ist. Es ist dies die Methode des Einlegens in Gräben und Wälle, erfunden von dem verstorbenen Oberförster Reuter in der Garbe und näher beschrieben in seiner Schrift: Reuter, Kultur der Eiche und Weide, 1867. Zweckmäßig ist diese Culturmethode nur bei Tieflagen, Verkolkungen, wo durch Ueberschwemmungen von nahe vorbei fließenden Gewässern Verschlickung zu erwarten ist.

Das Verfahren ist folgendes:

Es werden nach der Schnur etwa 0,75 m. breite Gräben gezogen, indem zunächst ein kleiner Ausstich von 0,3 m. Breite gemacht wird. Der Zwischenraum hat die Grabenbreite und wird durch den beiderseitigen Auswurf zu einem Walle umgeformt. Die Anfertiger der Gräben, für jeden 1 Mann, gehen rückwärts nach der Schnur. Mit ihnen zugleich geht je ein andrer Arbeiter vor, welcher Bandstockruthen von 1—1,5 m. Breite quer über die Gräben legt, so daß die beiden Enden von der Wallerde bedeckt werden. Es erfolgen nun im ersten Jahre aus den freiliegenden Ruthentheilen zahlreiche Ausschläge, am stärksten an den Rändern, wo bald eine Selbstbewurzelung sich einstellt. In der Mitte erfolgende Ausschläge können, wenn nicht bald Verschlickung eintritt, nicht so schnell Wurzel fassen, bilden sich demnach weniger kräftig aus und werden von der Seite her unterdrückt. Auf den Wällen werden schließlich noch Eicheln eingelegt. Die jungen Eichen werden indessen in der Regel von den Weiden bald verdämmt. Die Culturanlage ist ziemlich theuer.

Auf der weiteren Tour kamen wir, vorbei an einigen schönen, am Wege stehenden Flatterrüstern, in Schlag II und I zu einem 50jährigen Weißbuchenbestande, sodann zu einem 30jährigen Eichenbestande. Letzterer ist der älteste der noch vorhandenen Eichenbestände. Er ist dreimal, und zwar 1865, 1868 und 1871, vom etwa 20sten Jahre an durchforstet worden. Die Höhe betrug 12 m., Höhendurchschnittszuwachs also 0,4 m.; Probestämme ergaben Durchmesser von 10—15 cm.

Im Schlag I sahen wir sodann den ersten Eichen-Schälwaldschlag. Der frühere Bestand, 31jährig, 2,145 Hektar groß, ist 1874 abgetrieben worden.

Er lieferte folgende Erträge:

An Schälholz	Rmtr.	651
„ Rinde	„	217
Summa:	„	868
macht pro Hektar	„	413.

Davon sind zu rechnen

auf das Schälholz	75%	oder Rmtr.	310
„ die Rinde	25%	„ „	103.

Der Rindenertrag beträgt demnach pro Jahr und Hektar 103 : 31 = 3,3 Rmtr., oder 9,9, rund 10 Centner. Dies ist ein sehr hoher Ertrag und zeigt, daß wir es hier mit der I. Bodenclasse für Eiche zu thun haben.

Auf der abgetriebenen Fläche ist ein Eichenschälwald eingerichtet und für denselben zum Zweck der Gewinnung der Spiegelrinde ein 15jähriger Umtrieb festgesetzt worden. Der Betrieb ist einfach. Es erfolgt schon im Alter von 2—4 Jahren eine Durchreiserung zur Entnahme des etwaigen Weichholzes. Nach Ablauf von $^{2}/_{3}$ der Umtriebszeit, also im 10jährigen Alter, wird durchforstet, und zwar stark, damit die

Sonne gehörig auf den Schlag einwirken kann und dadurch die Rinde besser wird. Dies ist besonders nöthig auf strengerem Boden. Der Hieb erfolgt endlich beim Abtriebe so früh, wie es die Rücksicht auf die Rindengewinnung, die nur zur Saftzeit erfolgen kann, erlaubt, also im Mai, damit die jungen Ausschläge noch verholzen und den Frühfrösten des Herbstes widerstehen können. Man haut tief, glatt und schief, damit kein Wasser auf den Stöcken stehen bleibt und Fäulniß vermieden wird.

Bei den Ausschlägen lassen sich zwei Arten unterscheiden, je nach dem Orte ihrer Entstehung. Dieser kann sein:

1. Der Ueberwallungswulst (callus), welcher nach dem Hiebe zwischen Rinde und Holz sich dadurch bildet, daß an den verletzten Stellen in Folge geringeren oder ganz fehlenden Rindendruckes das Cambium sich üppiger entwickeln kann. In diesem Ueberwallungswulst der Wundfläche können im ersten Jahre nach der Verwundung neue Knospen entstehen, von Th. Hartig im Gegensatz zu den schlafenden Augen „Adventivknospen" genannt. Die aus solchen Knospen entstehenden Ausschläge sind indessen weniger erwünscht, weil sie bei Wind oder starkem Regen leicht ausbrechen und sich nicht selbst bewurzeln.

2. Ein zweiter Entstehungsort für die Ausschläge ist die Rinde selbst, und zwar kommen diese Ausschläge (Proventivknospenausschläge) hervor aus Knospen in der Rinde (Proventivknospen oder schlafende Augen genannt), welche dort als Blattachselknospen im einjährigen Alter des Triebes entstanden sind und nur zur Entwicklung kommen, wenn die normalen Knospen nicht mehr vorhanden sind. Diese Ausschläge brechen nicht so leicht aus, als die Adventivknospenausschläge. Vortheilhaft ist es nun, wenn sie möglichst tief am Stocke erscheinen, damit sie sich bald selbst bewurzeln. Dadurch werden sie unabhängig vom alten Stocke. Deshalb erfolgt tiefer Hieb, das „Hauen aus der Pfanne", z. Th. deshalb im Odenwalde auch das Ueberlandbrennen, damit die oben verkohlten Stöcke nur tief unten Ausschläge liefern. Die Ausschläge pflanzen sich mit der Zeit von der Mitte nach außen hin weiter fort, und bilden dann um den alten Stock herum einen Ring von selbständigen Pflanzen.

Verschiedene Stöcke fanden sich bei der weiteren Besichtigung, die bis dahin, aus noch nicht festgestellten Ursachen, noch keine Ausschläge geliefert hatten.

Ueber die Zahl der Stöcke pro Hektar, die für Ausschläge überzuhalten sind, ist man noch nicht einig. Gewöhnlich werden 2400 Stöcke pro Hektar für vollkommen ausreichend erachtet; 3200 Stöcke dürfte wohl das Maximum sein. Bei einer Zahl von 2000 Stöcken pro Hektar erhält der Stock einen Raum von 5 □m., bei 2500 Stöcken einen Raum von 4 □m.

Im Schlag X desselben Blocks fanden wir einen ca. 80jährigen Hainbuchenbestand mit älteren Eichen, welche ca. 50% der Bestandesmasse ausmachen mochten. Eine sehr reiche Anzahl junger Hainbuchen-Aufschläge zeigte die große Empfänglichkeit des Bodens an.

Auffallend war hier eine äußerst große Menge von Gallen der Cynips terminalis an Eichen. Diese ziemlich große, an den Zweigspitzen sitzende Galle ist anfänglich schwammig weiß, auf der Lichtseite röthlich, später, in vertrocknetem Zustande, braun und durchlöchert. Sie unterscheidet sich dadurch von sehr vielen anderen, bekannten Gallenbildungen, daß sie nicht einkammerig ist, sondern viele Larvenwohnungen enthält. Da sie das Wachsthum der Spitzentriebe erheblich beeinträchtigt, so war ihr massenhaftes Auftreten nicht ohne forstliche Bedeutung.

Außerdem wurden hier viele Frostrisse gefunden. Dieselben entstehen, indem die äußeren, schon gefrorenen Rinden- und Holzschichten bei plötzlicher Temperaturverminderung sich stark zusammenziehen, während die inneren Schichten nicht in gleichem Verhältniß ihr Volumen verkleinern. In Folge dessen reißen die äußeren Holzlagen der Länge nach auf. Sie finden sich meist an den Nordostseiten; durch Ueberwallung entstehen später die sogenannten Frostleisten.

Daran stoßend in Schlag XI befindet sich ein etwa 30jähriger Eichenbestand mit starkem Anflug vom Hainbuchenbestande her. Viele der Eichen, und zwar aus der unterdrückten Stammclasse, waren zahlreich mit Wasserreisern bedeckt. Die Entstehung dieser Wasserreiser erklärt sich folgendermaßen:

Die im geschlossenen Bestande erwachsenen Eichen besaßen eine verhältnißmäßig schwach entwickelte Krone. In diesem Zustande erfolgte eine plötzliche Freistellung durch die Durchforstung. Unmittelbare Folge derselben war vorübergehend eine schnellere Bodenzersetzung und eine größere Zufuhr von Nährstoffen. Die Krone konnte dieselben nicht so schnell verarbeiten, und es brachen daher aus der Rinde die Wasserreiser hervor. Indem nunmehr ein Mehrverbrauch von Nährstoffen eintritt, nimmt deren Menge bald ab und wird geringer als vor der Freistellung. Dann können Krone und Wasserreiser zusammen sich nicht mehr ernähren, erstere stirbt ab. Ein neu aufwachsender, junger Bestand kann sowohl durch eine Mehrzufuhr von Nährstoffen den Boden wieder bessern, als auch durch sein Aufwachsen die Wasserreiser unterdrücken.

Im Schlag XIII fanden wir den zweiten Abtrieb von 1874, einen auf die Wurzel gesetzten 28jährigen Eichenbestand von 6,599 Hektaren Größe. Derselbe hatte ergeben:

Ertrag an Schälholz	Rmtr.	974
„ „ Rinde	„	325
Summa:	„	1299,
macht pro Hektar	„	197.
Davon an Rinde 25%, oder	„	49,
macht pro Jahr und Hektar	„	1,8 oder
		ca. 5,5 Centner.

Dieser Ertrag ist bedeutend geringer als der im Schlag I desselben Blocks erreichte, was seinen Grund darin findet, daß hier mehrere kiesige und unfruchtbare Flächen vorkommen.

Die Länge der neuen Ausschläge von den Stöcken schwankte nach verschiedenen Messungen zwischen 1,2 und 1,6 m.; ihre Zahl pro Stock zwischen 10 und 24 Stück. Der Hieb hat gedauert vom 27. April bis zum 14. Juni. Der letztere Termin ist für die Stockausschläge schon etwas zu spät. Man konnte das an den Ausschlägen selbst erkennen, indem die erst im Juni oder noch später hervorgekommenen an Zahl und Länge bedeutend hinter den früheren zurückgeblieben waren. — Hier fanden sich auch mehrfach Stöcke von abgetriebenen Eschen mit Ausschlägen vor.

Als nicht vortheilhaft ist es zu bezeichnen, daß in diesem Schlage Eichen aus dem Abtriebe von 1874 übergehalten worden waren. In der Regel betrachtet man den Ueberhalt im Eichenschälwalde als einen Fehler. Man darf hier nicht auf starkes Nutzholz abzielen; dasselbe hat eine zu geringwerthige Rinde, und der Schaden, der durch Verminderung des Rindenertrages am Schlagholz entsteht, wird durch den Nutzholzertrag nicht ausgeglichen.

Die Tour setzte sich sodann fort durch ältere Bestände von ähnlicher Beschaffenheit, wie die früher in den Schlägen IV, II, XV und XIV besichtigten Eichenbestände, zum Block II, wobei unterwegs noch eine Weidenhegeranlage ähnlich der vorher beschriebenen passirt wurde. Wir kamen bei der Colonie Mechnitz vorbei zunächst an Schlag XII im Block II, wo wir eine Eichenschonung von sechsjährigem Alter vorfanden. Die Eicheln waren in die jedesmalige dritte Pflugfurche gelegt worden, die Entfernung der Saatreihen betrug 1 m., die Höhe der Eichenloden zur Zeit der Besichtigung durschnittlich 1,3 m. Unverhältnißmäßig höher dagegen zeigten sich die Loden in der durch 2jährige Pflanzung entstandenen 6jährigen Schonung in Schlag VIII. Hier waren die jungen Eichen demnach 8jährig, und standen in einem Pflanzverbande von 0,6 m. und einem Reihenverbande von 1,2 m. Der Grund des besseren Wachsthums liegt darin, daß hier nach der Eichenpflanzung noch einjähriger Zwischenbau ausgeführt und dadurch die Erde zwischen den Eichenreihen gelockert worden war.

Eine Abweichung von der früher beschriebenen und sonst meist angewendeten Culturmethode zeigte der Schlag IX desselben Blocks, eine im 2. Jahre befindliche Cultur. Das Culturverfahren war folgendes:

Nach 3jähriger Verpachtung zur Vorcultur erfolgte im Herbst des vierten Jahres das Legen der Eicheln in die fünfte Pflugfurche bei einer Entfernung der Eichelnreihen von 1,5 m. Der Verbrauch betrug an Saatgut pro Hektar 6 Scheffel. Nach dem Eichelneinlegen wurde Weizen gesät. Im Jahre darauf (1874) wurden Kartoffeln zwischen den Eichenreihen angebaut, und es soll im nächsten Jahre noch einmal ein Fruchtzwischenbau erfolgen. Der sehr fruchtbare Boden erträgt den Zwischenbau sehr gut, welcher seinerseits durch die Bodenlockerung auf das Wachsthum der Pflanzen eine sehr günstige Wirkung ausübt. Der Vorbau, gewöhnlich ein Fruchtbau von Weizen und Hafer, brachte hier pro Jahr und Hektar einen Pachtertrag von 40 Thlr. ein.

Die Schläge VII bis V des Blocks II, mit 28jährigen Eichen bestanden, gaben Gelegenheit, über die Durchforstungserträge, welche im Mechnitzer Oderwalde gewonnen wurden, etwas zu erfahren. Die Durchforstungen erfolgten gewöhnlich vom zehnten Jahre ab alle drei Jahre. Sie ergaben bei einem durchschnittlich 22jährigen Alter der durchforsteten Bestände pro Hektar:

55 Rmtr. Reisknüppel, reducirt auf Festm.	=	27 Festm.
1 Haufen Abraum (3 Rmtr.)	=	0,6 Festm.
19 Rmtr. Rinde	=	6 Festm.
Summa:		33,6, rund 34 Festm.

Dies macht pro Jahr ca. 1,5 Festm.

Der Geldertrag betrug in Summa pro Hektar 75 Thlr. 12 Sgr., also pro Jahr 3 Thlr. 13 Sgr.

Dies sind ganz bedeutende Erträge, wozu noch nicht unerhebliche Einnahmen von Weichhölzern und schwachen Eichensortimenten treten.

Im Schlag XI und X des Blocks IV trafen wir einen dritten 1874 auf den Stock gesetzten Eichenbestand von 28 Jahren und 1,106 Hektaren Größe an. Das Ergebniß des Abtriebs war:

Ertrag an Schälholz	Rmtr.	191
„ „ Rinde	„	63
Summa:	„	254,
oder pro Hektar	„	230.
Davon an Rinde 25% oder .	„	58,
macht pro Jahr und Hektar ca.	„	2, oder 6 Centner.

Auch dieser Ertrag ist bei weitem nicht so bedeutend, als der im Schlag I des Blocks III an Rinde erzielte.

Schlag XI weist einen Hainbuchenbestand mit eingesprengten Eichen auf. Letztere sind 1843 als etwa 6jährige Heister eingepflanzt worden.

Weiterhin grenzt daran eine reine Eichenanlage derselben Art mit einem Pflanzverbande von 2 m. und einem Reihenverbande von 3 m. Später war geästet worden. Ein zur Probe gemessener Stamm ergab 20 cm. Durchmesser in Brusthöhe. Die Pflanzung war, besonders in den Tieflagen, ausgezeichnet gediehen, der Reihenschluß vollständig eingetreten; in den Reihen selbst zeigten sich schon unterdrückte Stämme. Gehauen war in diesem Bestande noch nichts.

Daran stoßend befindet sich eine kleine Baumschule mit verschiedenen Laubhölzern, worunter besonders ein Eschenheisterkamp, aus gestutzten 4jährigen Wildlingen entstanden, deren Stutzflächen völlig verwachsen waren, Erwähnung verdient.

Außerdem fanden wir noch Fraxinus pubescens (Knospen und Triebe mit kurzem, grauem Filz bedeckt, Blättchen eirund, zugespitzt, oben kahl, unten ebenfalls schwach filzig) und Populus candicans (Blätter groß, herzförmig, spitzig verlängert), letztere dreijährig mit schon 3 m. hohen Schößlingen. Diese Pappelart ist für Alleen weniger geeignet, da sie sehr viel Wurzelbrut treibt (Baum-Quecke).

Von dort wurden wir wieder zum Block II geführt, wo in Schlag I 4,1 Hektar 29jährige Eichen 1874 auf den Stock gesetzt worden waren und dabei ergeben hatten:

Ertrag an Schälholz	Rmtr.	695
„ „ Rinde	„	232
Summa:	„	927,
macht pro Hektar	„	226.

Davon an Rinde 25 % oder 57 Rmtr.; pro Jahr und Hektar demnach ca. 2 Rmtr. oder 6 Centner. Dieser Ertrag scheint der durchschnittliche Rindenertrag für die Eichenbestände des Mechnitzer Oderwaldes zu sein.

Im Schlag VI des Blocks I ist eine andere Art von Weidenanlagen zur Ausführung gekommen, als die früher beschriebene, und zwar das sogenannte Buschpflügen, ebenfalls von Reuter eingeführt. Auf lockerem oder durch mehrjährigen Fruchtbau gelockertem Boden pflügt man Furchen und belegt sie mit Ruthen (zweijährigem Busch), so daß die Schnittflächen in der Furche nach hinten zu, die Spitzen nach vorne, etwas auf dem Furchenrande liegen. Eine zweite Furche bedeckt durch ihren Auswurf die Weiden, die dann in ihrer Lage noch etwas zu ordnen sind. Endlich werden die hervorragenden Spitzen abgeschnitten. Das dazu verwendete Material ist weniger werthvoll, gewöhnlich Abfall von Bandruthen oder schlechtgewachsene Weiden. Das Verfahren ist nur angebracht auf leicht zu pflügendem Boden.

Endlich passirten wir in Schlag II eine kleine Anlage von verschiedenen aus Stecklingspflanzung hervorgegangenen Weidenarten, worunter auch Salix caspica vertreten war. Zwischen den Weiden liefen auch hier einzelne Eichenstreifen hindurch. Auf ca. 1 Ar der Fläche waren die Weiden, vorzugsweise S. caspica und viminalis, ganz trocken und abgestorben. Bei näherer Untersuchung fand sich in den Wurzeln der Fraß einer großen Bockkäferlarve (vermuthlich von Cerambyx textor) vor.

Hier verließen wir sodann den Mechnitzer Oderwald, und kamen mittels der Orlowitzer Fähre wieder über die Oder und sodann zu Wagen nach den Nadelholzbeständen der Oberförsterei, zunächst nach dem Jagen 61 des Forstschutzbezirkes Klodnitz.

In den von uns besuchten Theilen der Schutzbezirke Klodnitz und Lenkau hatten wir Gelegenheit, die verschiedenartigsten Mischbestände und Mischculturen von Kiefern, Fichten, Lärchen, Weymouthskiefern, ferner von verschiedenen Laubhölzern zu sehen.

Der Boden des Revieres ist diluvialer Sandboden mit folgenden Hauptabänderungen:

1. Mooriger, nasser Sandboden; auf diesem muß man, damit keine Bodenverwilderung eintritt, Samenschläge stellen;
2. feuchter, humoser Sandboden, wie der erste ein sehr guter Kiefernboden;
3. Diluvialsandboden auf Lehm und darunter liegendem Mergel, in den oberen Lagen kalkfrei, mit Kiefern bestanden, bei frischerer Beschaffenheit auch für Laubhölzer geeignet;
4. Lehmsandboden, feinkörnig, frisch und tief, auf Lehm; Kiefernboden I. Classe; die Kiefern waren hier alle sehr schlank und hoch (bis über 30 m.);
5. Sandlehmboden, der die hierorts auftretenden geringen Erhebungen bildet; endlich
6. Kiessandboden.

Im Jagen 61 sahen wir zunächst eine Cultur vom Jahre 1874, eine Pflanzung einjähriger Kiefern, in 1,3 m. Reihen- und 0,65 m. Pflanzweite mit dem Stieleisen angelegt, — ein Pflanzverfahren, welches dem Buttlar'schen sehr nahe steht und sich dadurch von ihm unterscheidet, daß dabei stets je zwei Arbeiter nöthig sind. Am westlichen und nördlichen Rande war die Cultur mit je drei Reihen Schwarzkiefern eingefaßt. Die Gesammtkosten betrugen 12 Thlr. pro Hektar.

Eine andere Culturmethode zeigte Jagen 59, und zwar eine ebenfalls von 1874 stammende Mischsaat von Kiefern, Fichten und Lärchen. Die Mischung der Kiefer mit der Fichte ist sehr empfehlenswerth, da letztere den Boden auch noch im spätesten Alter verbessert, massenreichere Bestände liefert, vielseitigere Verwendung schon von Jugend an gestattet, endlich Schutz gegen viele Gefahren, z. B. Insecten und Schneebruch, gewährt. Doch gehört zu solcher Mischung schon der bessere oder wenigstens frische, feuchte mittlere Kiefernboden, der kaum bis auf die III. Classe für Kiefern hinabgehen darf. Die Kiefer ist anfänglich vorwüchsig, doch erträgt die Fichte viel Schatten; auch kann man dieser zu Hülfe kommen, indem man sie reihenweise mit der Kiefer mischt, oder indem man letztere sät, erstere pflanzt. Die sich früh lichtstellende, den Boden nicht bessernde und nur einzeln, als Nebenholzart einzusprengende Lärche soll dem Bestande ein gutes Nutzholz geben.

Die Bodenbearbeitung geschah mit Hacken, mit Hülfe deren Streifen in einer Breite von 0,4 m. und 1,2 m. voneinander entfernt abgeplaggt wurden. Die Kosten für das Hacken betrugen 3 bis 4 Männertagelöhne. An Saatgut wurden verwendet 8 Pfd. Kiefern-, 8 Pfd. Fichten- und 4 Pfd. Lärchensamen pro Hektar, wovon der Fichten- und Kiefernsamen vermengt zur Aussaat kam, während der Lärchensamen nur prisenweise alle fünf Schritt eingestreut wurde, um auf diese Weise gleich von Anfang an Einzelstand der Lärche zu erzielen. Die frischeren Niederungen waren mit Fichten auf Hügeln ausgepflanzt worden.

Daneben befindet sich eine vier- bis siebenjährige Kiefern- und Fichtenschonung mit Lärche und Eiche gemischt, und zwar sieben Reihen Kiefernsaat mit fünf Reihen Fichtenpflanzung stets abwechselnd; inmitten der Fichtenreihen standen noch Eichenheister und Lärchenloden eingesprengt. Hier ist sowohl durch die Saat der Kiefer, als auch durch die gürtelweise Anpflanzung der Fichte letzterer von vornherein ein Vorsprung verschafft worden. Die Wirkung der Einzeleinsprengung von Eichen unter Fichten hatten wir später zu sehen Gelegenheit.

Daselbst nördlich eine Pflanzung einjähriger Kiefern vom Herbst

1870 in 1,3 m. Reihen- und 0,65 m. Pflanzweite ohne weitere Bodenbearbeitung, welche gut gerathen war, woraus sich auf einen lockeren und offenen Boden schließen läßt. Die Culturkosten betrugen 6 Frauen- (= 3,6 Männer-) Tagelöhne pro Hektar. Hier wie an den vorhergehenden Stellen zeigten sich nicht unerhebliche Spuren des Fraßes von Hylobius abietis (Curc. pini Rtz.).

Nach längerer Fahrt durch ältere Bestände in den Jagen 58 und 57, Kiefernbestände mit Fichte in Mischung (letztere vielfach unterdrückt und lückenhaft), trafen wir in Jagen 46 auf eine vor 27 Jahren angelegte Büschelpflanzung von Fichten in weitständigem Verbande. Die aus den Büscheln später nicht zu erhaltenden Beistämme waren zu Faschinen verwendet worden. Der Verband betrug 1 m. in den Reihen und 2 m. Reihenabstand. Der Bestand hat sich recht gut entwickelt, die Stammreinigung hat schon vor längerer Zeit stattgefunden und es ist jetzt vollständiger Schluß vorhanden. Unterdrückte Stämme sind schon hier und dort zu sehen, und es kann daher bald mit der Durchforstung vorgeschritten werden. In diesem Bestande finden sich einzelne Eichen eingesprengt, welche bei der Begründung des Hauptbestandes in ca. 11 m. □Verband als Starkheister eingepflanzt worden waren. Hier sahen wir einen Beweis dafür, daß die Eiche für die Fichte im Einzelstande kein geeignetes Mischholz ist. Sie vermag der Fichte im Höhenwuchse nicht zu folgen, geräth in Seitenschatten und wird bald von den verdämmenden Fichten unterdrückt, trotz des Vorsprungs. Besser sprengt man noch einen größeren Horst von Eichen in den Fichtenbestand ein, wobei man ersteren dann möglichst früh anbaut, um ihm einen Vorsprung vor der Fichte zu verschaffen.

Auch unter Kiefern darf man die Eiche nur flächenweise, in Gruppen oder Gürteln anbauen, und es muß die Eiche vor der Kiefer auf rajoltem Boden gezogen und später durch Läuterungs- und Freihiebe geschützt werden.

In der hier besichtigten Büschelpflanzung hat man zwar bis jetzt den Eichen durch Köpfen der umstehenden Fichten Luft zu verschaffen gesucht; es fragt sich aber, ob nicht selbst bei völliger Freihaltung der Krone der Seitendruck von den Fichten ein zu starker sein wird. Theilweise sind die Eichen, trotz der ihnen zu Theil gewordenen Unterstützung, schon völlig unterdrückt worden; einige jedoch, besonders an einem größeren dort befindlichen Randgraben, stehen noch recht gut. Von den geköpften Fichten haben viele ihren Wipfel wieder völlig entwickelt.

Im Jagen 44 wurde eine Schonung gezeigt von Kiefern und Fichten, die aus einfacher Mengsaat hervorgegangen war.

Die Fichten waren hier schon völlig unterdrückt; es fragt sich, ob der Fichte etwa durch Schneideln der Kiefer oder starke Durchforstung derselben noch geholfen werden kann. An einer anderen Stelle der nämlichen Culturfläche waren beide Holzarten in Wechselreihen gepflanzt, und hier die Fichten nicht unterdrückt worden. Dennoch wird man letzteren auch hier mit der Zeit zu Hülfe kommen müssen.

Eine neue Art der Cultur und Bestandesmischung ist im Jagen 48 zur Anwendung gekommen, und zwar eine Mischung von Kiefer, Fichte, Eiche und Lärche. Es folgen jedesmal eine Reihe Eichen, zwei Reihen Fichten, sieben Reihen Kiefern und wieder zwei Reihen Fichten aufeinander bei einer Entfernung von je 1 m. zwischen den Reihen, so daß die einzelnen Eichenreihen 12 m. voneinander abstehen. Die Kiefern sind aus Saat, die Fichten und Eichen aus Pflanzung, letztere als Starkheister in 4 m. Pflanzweite, entstanden. In den Eichenreihen selbst sind dann noch einzelne Fichten und Lärchen eingesprengt. Es bleibt zu befürchten, daß die Eichen auch hier mit der Zeit von den Fichten eingeholt und verdämmt werden. Der frische und sehr empfängliche Boden zeigte außerdem viel Birkenanflug.

Im Jagen 34 wurde sodann unter dem Schirm eines älteren Kiefernbestandes eine längere Rast gemacht und damit Gelegenheit gegeben, eine willkommene Erfrischung einzunehmen. Bei dieser Gelegenheit brachte Herr Oberforstmeister Danckelmann dem Herrn Oberförster Rosch, dem umsichtigen und freundlichen Führer an diesem Excursionstage, ein Hoch! aus, indem er ihn, den Neubegründer so zahlreicher schöner Eichenbestände, mit dem bezeichnenden Namen des „Eichenpapa" begrüßte.

Inzwischen war auch Herr Professor Remelé, welcher den Vormittag benutzt hatte, um einen besonderen Ausflug nach dem mineralogisch und geognostisch sehr interessanten Annaberg zu machen, wieder eingetroffen und theilte in Kürze noch Folgendes mit:

In Oberschlesien treten meist nur die jüngsten Formationen zu Tage, hier und da durch ältere Erhebungen unterbrochen. Eine solche Erhebung ist der wenig nördlich von Leschnitz beim Annaberg durchgehende Muschelkalkrücken, mit welchem auch der Muschelkalk des an der Bahnstrecke Breslau—Oswiecim gelegenen Dorfes Gogolin zusammenhängt. Von besonderem Interesse ist das Auftreten von Löß zwischen Leschnitz und der vorerwähnten Muschelkalkpartie. Letztere ist hier zugleich von einer reichlich Olivin enthaltenden Basaltmasse durchbrochen, auf welcher der Ort und das Kloster Annaberg liegt. Was den Löß betrifft, welcher zum Theil den Muschelkalk gleichwie den Basalt bedeckt, so ist derselbe ein sehr kalkreiches, helles, schmutziggelbes Lehmgebilde, kenntlich an den darin vorkommenden charakteristischen Concretionen von gelblichgrauem bis weißlichem Kalkmergel („Lößkindchen"), sowie an den langgestreckten Hohlwegen, welche die ganze Ablagerung durchziehen.

Der hauptsächlich in dieser Gegend vertretene Muschelkalk enthält Gervillien und ist ein Aequivalent des Wellenkalks. Unter den höheren Lagen des Löß, an welchen südlich und östlich das norddeutsche Diluvium angrenzt, befinden sich Muschelkalkbrüche mit verschiedenen Klüften, welche Löß und Basaltgerölle enthalten.

Darauf fuhren wir nach der sehr hübsch im Walde gelegenen Oberförsterei Klodnitz, wo uns Herr Oberförster Rosch in gastlicher Weise mit einer Tasse Kaffee bewirthete.

Von der Oberförsterei setzte sich die Tour sodann, da es mittlerweile schon etwas spät geworden war, zu Wagen fort, zunächst zu einem kleinen Schwarzkiefernbestande von 16 bis 17 Jahren. Diese genügsame Holzart ist ausgezeichnet durch starken Nadelabfall und erhebliche Bodenbesserung. Im Höhenwuchse bleibt sie dagegen hier zu Lande gegen die gewöhnliche Kiefer zurück. Sie ist in unseren Gegenden nicht heimisch, sondern gehört mehr dem Süden an und erreicht ihre natürliche Grenze schon bei Wien.

Am Feuergestell *d*, Jagen 46, sahen wir eine Windbruchfläche, welche mit Eichen-, Eschen- und Ahornheistern ausgepflanzt und mit Fichten unterbaut ist. Daselbst passirten wir zu beiden Seiten der

Bahnstrecke einen sogenannten Sicherheitsstreifen. Jeder dieser Streifen ist 25 m. breit und wird als Eichenschälwald in 20jährigem Umtriebe bewirthschaftet, und zwar in zwei Schlagtouren, die der Bahn parallel laufen und deren eine das erste Mal mit 10 Jahren zum Abtrieb gekommen ist. Auf diese Weise sind die Streifen nie holzfrei. Dieselben sollen erstlich die aus dem Schornstein der Locomotiven ausgeworfenen Funken auffangen und zum Erlöschen bringen, dann das Fortpflanzen etwaiger Lauffeuer verhindern. Wo der Boden in Kiefernbeständen die Eichenanzucht nicht mehr gestattet, pflanzt man Birken oder Akazien an, zwischen denen der Boden später gegen Verheidung ab und zu gehackt werden muß. Wo man Feuermäntel von Laubholz nicht anlegen kann, gewährt in den an die Bahnstrecke anstoßenden Kiefernbeständen das Aufhacken und Wundhalten des Bodens am Rande oder das Anlegen und Reinhalten schmaler, netzförmig verlaufender Wege wenigstens gegen Lauffeuer wirksamen Schutz.

Im Jagen 43 hatten wir noch Gelegenheit, eine Fichtenreihenpflanzung von jetzt 26 Jahren, in dem weiten Verbande von 12' Reihenentfernung nach Biermanns'scher Culturmethode angelegt, zu sehen.

Diese Culturmethode wird charakterisirt durch Erziehung der Pflänzlinge in Rasenaschebeeten, durch Einpflanzen in ein mit Rasenasche gefülltes Loch und durch sehr weiten Reihenverband. Die Verpflanzung geschieht 1- oder 2jährig. Es wird die Bodendecke entfernt, mit dem von Biermanns (früher Oberförster in Höven bei Montjoie, Reg.-Bezirk Aachen) erfundenen Spiralbohrer ein Loch gebohrt, die Erde daraus entfernt und nun die Pflanze eingehängt, so daß sie von beiden Seiten fest mit Rasenasche umgeben ist. Der Rest des Loches wird mit gewöhnlicher Erde ausgefüllt. Die Pflanzweite ist gering. Die beigegebene Rasenasche fördert die Pflanze in den ersten Jahren erheblich, und ist besonders noch da von Vortheil, wo andere gute Füllerde fehlt. Dennoch ist man von dieser Methode abgekommen, weil bei dem weiten Reihenverbande der Boden sich zu spät deckt und zurückgeht, was besonders bei ärmeren Bodenarten zu befürchten ist. Auf dem besseren Boden, der hier vorlag, ist dies weniger von Bedeutung, trotzdem zeigten sich auch schon hier geringe Heidekrautspuren, die indessen mit dem eintretenden Bestandesschlusse wieder schwinden werden. Völliger Reihenschluß ist jetzt noch nicht vorhanden; die Stammreinigung hat noch nicht bis auf 2 m. erfolgen können. Die Stämme werden daher für Brettholz später wenig geeignet sein; um dies zu erzielen, hätte man etwa 2 m. Verband wählen müssen. Außer dem Bodenrückgange und dem Verlust an Nutzwerth tritt aber bei so weitem Verbande, wie er oben für das Biermanns'sche Verfahren angegeben ist, auch noch Zuwachsverlust ein; Biermanns wählte denselben hauptsächlich in Rücksicht auf die Weide.

Zwischen den Fichtenreihen haben Birkenreihen gestanden und stehen zum Theil noch, wenn auch völlig unterdrückt. Dies läßt vermuthen, daß die Birken erst später als die Fichten eingepflanzt wurden, da sie sonst den Fichten voraus sein müßten. Wahrscheinlich ist dies geschehen, um die Fichten durch einen Vorsprung gegen das Peitschen der Birken zu schützen. Die Fichtenpflanzung hat auf Rabatten stattgefunden, die der Birken zwischen den Rabatten. —

Im Jagen 63 des Schutzbezirkes Lenkau wurde nochmals eine kurze Rast gemacht, und darauf die Fahrt ununterbrochen fortgesetzt bis zum Bahnhofe Cosel. Von dort benutzten wir die Bahn, und kamen Abends gegen 8½ Uhr in Oppeln an, wo wir vom Herrn Oberförster Sprengel empfangen wurden. Derselbe hatte inzwischen für Wagen Sorge getragen, welche uns in circa zweistündiger Fahrt dem Endpunkt der Tour dieses Excursionstages, dem Städtchen Proskau, zuführten.

Elfter Tag: 27. August.

Referent: Körber (aus Dorpat).

Es liegen dem Referenten vom elften und letzten Tage der diesjährigen Herbst-Excursion drei Karten und eine sehr detaillirte Ausarbeitung der vorzunehmenden Route nebst Angabe der den Weg begleitenden Bestände vor.

Die Länge der Tour gestattete keine eingehende Besichtigung der vielfach wechselnden Nadelholzmischbestände; in rascher Fahrt vielmehr wurden die Oberförstereien Proskau und Chrzelitz durchfahren, selten, und auch dann nur flüchtig, Halt gemacht, um Bodenanalysen, die ich nachfolgend angeben werde, vorzunehmen. Es ist mir auch nicht möglich gewesen, meinen Bericht an die einzelnen Jagennummern, wie solches im Tourenplan geschehen, anzuschließen. Mein Bemühen wird dahin gerichtet sein, im Allgemeinen ein Waldbild der dortigen Gegend zu entwerfen und die forstlichen Erörterungen der Herren Oberforstmeister Danckelmann und Oberförster Sprengel, sowie die Mittheilungen des Herrn Oberförster-Candidaten Schraubstädter, wiederzugeben.

Unter Führung des Directors der landwirthschaftlichen Akademie zu Proskau, Herrn Geheimraths Settegast, wurden zunächst dem aufgestellten Plane gemäß die Lehrräume der Akademie mit ihren zum Theil vorzüglichen Sammlungen, unter denen vor Allem die Wollsammlung des Beschauers bewundernde Blicke auf sich zog, durchschritten.

Die beschränkte Zeit verstattete keinen längeren Aufenthalt. Dank der Uebung der vorhergehenden Tage, schnell zu sehen, gelang es dem Besucher auf flüchtigem Gange einen Eindruck von des Viehstalls bewohnten Räumen zu erhalten, deren musterhafte Einrichtung ihn etwaiger Zweifel bezüglich des solcher Wirthschaft zuzuerkennenden Prädikats enthob.

Nicht minder freundlich im Andenken verbleibt uns der botanische Garten, gelegen auf sanft abfallendem Hügel. Manch guter Bekannter, dem Walde entnommen, zierte die grünen Matten und die kunstvoll erhöhten Raine längs des sauberen Kieswegs. Zuweilen verdeckte das Laub den Namen auf zierlicher Tafel, allein ein wißbegieriges Auge der Wissenschaft drang bis ins Dunkel vor und constatirte, daß hier und da die Benennung sich bis auf die der Varietät erstreckte.

Zwar sollte noch mehr in Augenschein genommen werden, allein der bevorstehende weite Weg mahnte energisch zum Aufbruch, den Vorreiter stattlicher Leiterwagen mit weit vernehmbarem Peitschenknall verkündeten.

Bald begrenzten schöne Wälder den fernen Horizont, Fichten- und Kieferndickungen umsäumten den ebenen Plan und auch ein Weymouthskiefernbestand zeigte sich, dessen Randbäume, ehemals geringelt, ein gesteigertes Wachsthum oberhalb der Ringe erkennen ließen. Hier wurde das Revier Proskau betreten.

Der durch Windbruch zum Theil lückige Holzbestand in den angrenzenden Jagen, welcher durch Wuchs und Höhe auf guten Boden schließen ließ, zeigte jene Combination der Nadelhölzer, welcher wir in den schlesischen Wäldern öfter begegnet waren. Ein häufiges Vorkommen von Tannen und Fichten in den Kiefernbeständen, oft die Fichte der Kiefer nachgeeilt bis zu beträchtlicher Höhe, bald auch als Schutzholz schon individuellen Hang, einstmals ein Baumholz zu werden, bekundend, verriethen auf den ersten Blick einen guten, und, wie später durch Analyse festgestellt wurde, in der Oberfläche moorigen Kiefernboden II. Classe, der für Samenschlagstellung, wie solches auch die Moose bestätigen, sehr geeignet ist. — Den geringsten Antheil an dem Massengehalte von ca. 590 Festm. pro Hektar hatte die den vorherrschenden genannten Nadelhölzern beigesellte Lärche, die ich ihrer dort wie an anderen Theilen desselben Revieres auftretenden Vorwüchsigkeit halber, was der Art der Bestandes-Begründung zuzuschreiben sein dürfte, speciell in Erwähnung bringe. Bei dieser Gelegenheit möchte ich gleich die — wie festgestellt wurde — irrthümliche Annahme von früher, als hätte die Lärche außer ihrer bekannten Heimath auch jene Gegend zum natürlichen Standort gewählt, berichtigen. Die sogenannten „Hellerschen Streifen", nichts anderes als Loshiebe, verdanken ihren Ursprung einem älteren Forstmann Namens Heller, der die großen zusammenhangenden Wäldercomplexe strichweise durch Abtrieb auf den Stock setzte (zum Schutz gegen Waldfeuer) und die entstandenen Lücken mit den ortständigen Nadelhölzern in Begleitung einzeln eingesprengter Lärchen wieder aufforstete. Ueberall, wo wir im Verlauf der Excursion vom Herrn Oberförster Sprengel auf solche Streifen aufmerksam gemacht wurden, wiederholte sich derselbe Anblick. Resultate begründen Regeln. Der gelungene Erfolg angesichts der 70—80 Jahre alten vorwüchsigen Lärchen fordert zur Nachahmung auf, und es sei nur noch gestattet, die Gesichtspunkte und Voraussetzungen kurz zusammen zu fassen, unter denen sich der an südlichere Himmelsstriche gewöhnte Lärchenbaum in diesen höheren Breiten zum ubi bene ibi patria bekennt.

Im vorliegenden Falle war es bis dato noch immer ein Bild der erfreulichsten Verträglichkeit, welches die genannten vier Nadelholzarten darboten. Vor allen Dingen muß der Boden ein guter und feuchter sein, nach Kiefer bemessen der II. Classe angehören.

Die Kiefer, auf vorgedachtem Boden gesät, erlangt schon in den ersten Jahren vor der gepflanzten Fichte einen Vorsprung, den sie bis zum 20. Jahre und darüber behauptet; bis dahin ist der Erhaltung der Bodenfrische durch die genannte Combination Rechnung getragen. Die Fichte deckt Boden und Fuß, und nachschiebend dämpft sie den Hang der bei freiem Stande astwüchsigen Kiefer, sich in der Krone übermäßig zu erbreitern. Astrein schießt die junge Stange empor und erhält den gewünschten Wipfel. Sie wird auch durch die einzeln eingesprengte Lärche, die durch die Pflanzweise als Halbheister sowie durch ihr rasches Jugendwachsthum den Vorsprung erhält, nicht im Gedeihen geschädigt; denn dünn ist ja die Benadelung der Lärche, und obgleich schwach gedämpft, erhält doch die Kiefer immer noch genug Sonnenstrahlen. Zurück ist die Tanne geblieben. Fünf Jahre hat sie gebraucht zur Bildung des ersten Quirles, und unter dem Schutz und Druck der Fichte und Kiefer erreicht sie das fünfzehnte Jahr noch unscheinbar dem ganzen Habitus nach. Dann aber streift sie die Minorennität ab, und weil sie jährlich etwa 0,3 m. hohe Triebe macht und selbst im Schatten das Wachsthum nicht einstellt, erreicht sie im Baumholzalter die Höhe ihrer Verwandten und überschreitet dieselbe nicht selten. Daß in einem solchen Bestande Nutzwerth und Massenhaltigkeit bedeutend gesteigert ist, leuchtet ein.

Kurz dauernder Reiz erweckt, wenn noch nicht das Gefühl der Befriedigung eingetreten, Sehnsucht, und dieses äußert sich beim Sehen nicht anders als beim Geruchssinn und Geschmack. Einmal die Wagen verlassen und mitten im gutwüchsigen Bestande, lag es nahe, noch den Umweg zum Wege zu machen, und nochmals wurde der Boden geöffnet, der williger sich der Hacke erschloß als dem Waidmesser, das zuerst die fehlende Hacke vertrat. In der Oberfläche wenig humos, bildete den eigentlichen Nahrungsboden ein etwas lehmhaltiger, stellenweise kiesiger Diluvial-Sandboden, auf welchem ein gutwüchsiger Bestand stockte, in dem jedoch mehrere Windbruchlücken auf denjenigen Bodenstellen auftraten, wo der Lehm, das Binde- und Festigungsmittel, ausgewaschen und mit in die Tiefe genommen, und nur ein kiesiges Moor zurückgeblieben war. Eine Erklärung dieser Thatsache möchte in einer Mittheilung des Herrn Oberförsters Sprengel zu suchen sein, nach welcher bis etwa zum Jahre 1830 mehrere Teiche an dieser Oertlichkeit sich befanden und zu jener Zeit aus nicht näher anzugebenden Wirthschaftsrücksichten abgelassen wurden. Eine nachtheilige Einwirkung auf die eigentliche Bodengüte ist dadurch nicht entstanden, weil mit sinkendem Wasserspiegel die dammerdige und etwas tiefer lehmhaltige Oberschicht — z. Z. sind noch Spuren davon vorhanden — durch den lückigen Kiesboden mitsank, als erwünschte Nahrung für tiefere Wurzeln. Der Bindigkeit des Bodens jedoch war damit Abbruch geschehen. Durch geschwundenen Wasserdruck, dazu durch Höhenzuwachs von 30 Jahren erkläre ich mir die Widerstandslosigkeit der hohen Baumhölzer gegenüber der mächtigen Hebelkraft des in die Krone greifenden Sturmes.

Der anmoorige Lehmsandboden, auf dem wir uns noch eine Weile fortbewegten, zeigte auf Windbruchlücken mehrfach eine erfreuliche Empfänglichkeit für Naturansamung; vielleicht wäre es räthlich, diesen Fingerzeig nicht unbeachtet zu lassen, in Randverjüngung oder in Löcherschlägen zu wirthschaften und dadurch Culturkosten zu ersparen.

Verschulte einjährige Eichen, an denen unser Weg vorüberführte, wurden besichtigt. Dem Lehmsandboden angemessen, waren Jährlinge, deren Pfahlwurzel noch nicht gekürzt zu werden brauchte, was gegenüber den älteren Sortimenten immer ein ins Gewicht fallendes günstiges Moment genannt zu werden verdient, in 0,3 m. tiefen und 0,3 m. breiten Rajolstreifen bei 0,5 m. Pflanzweite verschult worden. Bis dahin hatte nur Erfreuliches dem Auge sich dargeboten.

Noch geraume Zeit wechselten haubare Bestände mit rationell durchforsteten Stangenörtern, Erfolg versprechende Arbeitsflächen des gastlichen Führers, der wohl, wie leicht einleuchtet, am liebsten die Gäste noch lange zu Fuß durch die Bestände geführt hätte. Allein nicht immer treffen die Interessen Desjenigen, der führt und zeigt, mit denen der Schauenden zusammen, und so kam es, daß manch braver Förster, mit kräftigem Waidmannsheil in seinem Bezirke uns begrüßend, sich freuend, die gut gerathenen Schonungen, von denen der Tourenplan sprach, nun endlich zeigen zu dürfen, sein Kleinod nur vom eilenden Wagen aus betrachten lassen konnte, während andere Culturflächen, über die manch derber Försterfluch und manche Verwünschung ausgestoßen war, zu seinem geheimen Aerger betreten wurden. So dort im Jag. 126, wo Agaricus melleus durch unterirdisch weit ausgesandte Mycelstränge bereits in bedeutendem Umkreise des anfangs getödteten Opfers die Pflanzen an den Wurzeln umklammert hatte, und demnächst das begonnene Zerstörungswerk fortsetzen und vollenden wird, wenn nicht sorgfältige Rodung der abgestorbenen wie befallenen Stämmchen, sowie Aufdecken und Absuchen des Bodens nach dem freigelegten, unter der oberen Erdschicht hinkriechenden Mycelium, welches mit ersteren verbrannt werden muß, als wirksame Gegenmittel bald zur Anwendung kommen. Freilich bedarf es unermüdlicher Wachsamkeit, und sofortige Ausbesserung muß immer wieder die entstandenen Lücken completiren, damit nicht ein noch schlimmerer Feind, die Maikäferlarve, als endemischer Nachfolger sich einstellt.

Nicht weit davon erwartete uns sodann ein Bild überraschender Art. Unlängst noch die Freude des Försters, hatte ein Kiefernjungort all die Gefahren, welche in erster Jugend so leicht diese Holzart treffen, überstanden. Da brach das Unglück herein von allen Ecken und Enden. Brechende Sauen hatten der alles versprechenden Nachkommenschaft Anweisung ertheilt, wie man bei Bodenanalysen zu verfahren habe; und daß sie der Sache auf den Grund gekommen waren und den Kern erfaßt hatten, wer konnte daran noch zweifeln? Die Hälfte der Schonung war auf den Kopf gestellt, und was noch auf den Beinen stand, stand nicht mehr fest, meist auch nicht mehr gerade.

In meinem Referate möchte ich noch eine Kategorie von Nadelholzmischculturen, welche in den schlesischen Forsten nicht immer zu den besten Resultaten geführt hat, und die uns auch an jenem Tage zu wiederholten Malen begegnete, zusammenfassend erörtern.

Für die Mischculturen der Kiefer und Fichte sind heutzutage gewisse Regeln festgestellt, welche sich viel weniger aus guten als aus schlechten Resultaten erfahrungsgemäß ergeben haben. Im Allgemeinen wird stets die Fichte im Kiefernwalde gerne gesehen werden, und man begrüßt sie freudig auf Kiefernboden I. bis III. Classe, insofern er die nöthige Frische besitzt. Sollen Bestände genannter Art, günstige Bodenverhältnisse vorausgesetzt, begründet werden, so geschieht das in der Hauptsache immer mit der Absicht, die Bodenkraft zu erhalten, die bekanntlich bei Kiefernreinbeständen schon im angehenden Baumholzalter bedeutend zurückgeht; sodann aber auch, um den Massenertrag zu steigern. Jede der beiden Absichten, zumal letztere, wird nur sehr unvollkommen, bisweilen gar nicht erreicht, wenn beispielsweise Flächen durch etwa 2 oder 3 Reihen Kiefernsaat und eine Reihe Fichtenpflanzung, oder aber durch abwechselnde Streifensaaten beider Holzarten in Cultur gesetzt werden; denn im ersten wie im letzten Falle wird die Fichte entweder ganz erstickt und erdrückt, oder günstigsten Falls verbleibt sie in einzelnen, meist unterständigen und kümmerlichen Exemplaren, die weder Boden noch Masse beeinflussen können. In Saatbeständen beginnt diese Unterdrückung schon mit dem 3. Jahre. Nachdem die Fichte im ersten Jahre gleich der Kiefer Cotyledonen und Plumulablätter erzeugt hat, steht sie im dritten mit ihrem sehr winzigen Triebe dem Kiefernquirl gegenüber. Sie wird von der Kiefer vollständig überwachsen, und alles Vertrauen auf ihre Fähigkeit, Schatten zu ertragen, rettet sie nicht vor baldigem Tode oder kläglicher Aschenbrödelexistenz. Aus dem Gesagten geht hervor, daß Saat beider Holzarten nicht empfehlenswerth ist; fand dieselbe aber statt, sei es gemischt aus einem Sacke oder in einfach abwechselnden Reihen, so muß der Wirthschafter im Gegensatz zu reinen Kiefernschonungen früh, etwa bei 12—15 jährigem Alter, und stark durchforsten. Gleichberechtigt und am sichersten wächst die Fichte neben der Kiefer empor, wenn sie in engem Verbande, je nach den Umständen in Büscheln oder einzeln, bänderweise neben Kiefernstreifensaaten gepflanzt wird. Die Frage, ob es überhaupt möglich ist, die Fichte neben der Kiefer gleichwüchsig zu erziehen, ist somit zu bejahen. Es wurde uns bemerkt, daß in Grudschütz bereits hübsche Resultate auf letzterem Wege erzielt worden seien, und daß man dort die Einzelpflanzung der Fichte gewählt habe, vielleicht weil Schneebruchcalamitäten daselbst nicht vorgekommen sind. — Schon lange bevor wir das Revier Proskau verließen, ward uns eine Ueberraschung bereitet. Ein Fäßchen Bier, geborgen im kühlen Boden unter dem Schatten der majestätischen Königskiefer, wurde, während Alle noch ungetheilten Gefühles den Wuchs, die Stärke, die schöne Krone und den Boden, auf dem sie erwachsen, musterten, von geschäftigen Händen der Forstbeamten ans Tageslicht befördert. Und nachdem den durstigen Kehlen der Labetrunk kredenzt, untersuchten Einige den Boden, während Andere zur Messung der Höhe und des Durchmessers sowie zur Berechnung des Inhaltes schritten, welche ein nicht gewöhnliches Resultat ergab. Der Boden im Untergrunde war ein ziemlich feinkörniger, loser, gelbbrauner Lehmsand, welcher eine Schicht bleigrauen, humosen, sehr frischen Sandes (ähnlich dem Lüneburger Bleisande) trug. Man sprach ihn als Kiefernboden I. Classe an. Obige Kiefer hatte eine Höhe von 33 m., einen Durchmesser von 94 cm., und ihr Massengehalt wurde zu etwa 14 Festm. berechnet. —

Mit reichen Eindrücken nahmen wir von dem Proskauer Revier bis auf Weiteres Abschied, kürzten die Tour, und fuhren nun über die Grenze ins Nachbarrevier Chrzelitz, wo eine Reihe von charakteristischen Nadelholzmischculturen, die ich schon vorstehend ins Auge faßte, unsere Aufmerksamkeit auf sich zog. In schwachem Mischverhältniß war die Lärche den Kiefern- und Fichtensaaten beigemengt, und eine Reihe solcher Culturen seit dem Jahre 1870 ausgeführt worden.

So war beispielsweise eine Fläche von 1874, die wir in Augenschein nahmen, auf 4,5 Hektar mit

37 Pfd. Kiefern-, 22 Pfd. Fichten- und $4^{1}/_{2}$ Pfd. Lärchensamen besät worden, nachdem zuvor der anmoorige, in der Oberfläche verwurzelte Boden abgeplaggt worden war. Dabei stellten sich die Kosten der Bodenbearbeitung und Einsaat:

Abplaggen und Aufziehen des Rohhumus auf die Balken auf 24 Männertagelöhne pro Hektar; Einsäen auf 4 Männertagelöhne; mithin in Summa auf 28 Männertagelöhne pro Hektar.

Im Durchschnitte ziemlich ebenso theuer stellten sich die Jahrgänge 1870, 1871 und 1872, wo auf

	Thlr.	Sgr.
2,5 Hekt. ausgesät wurden 27 Pfd. K., 8 Pfd. F., 5 Pfd. L. =	17	16
2,5 " " " 24 " " 10 " " 5 " " =	14	15
3 " " " 24 " " 10 " " 6 " " =	20	23

Wir können also sagen, daß im Verhältniß von 5 : 2 : 1 Kiefern-, Fichten- und Lärchensamen (aus einem Sacke) bei 1,2 m. Entfernung (von Mitte zu Mitte der Streifen gerechnet) pro Hektar ausgesät wurden. War auch an verschiedenen Stellen die Wirkung der Dürre wahrzunehmen — Fichtensamen war z. B. wenig aufgegangen auf der im letzten Frühjahr ausgeführten Culturfläche —, so zeigten doch die jungen Saaten im Allgemeinen ein erfreuliches Gedeihen.

Interessant war im Jag. 71 e der Wuchs eines 73 jährigen Weymouthskiefernbestandes, der, in 1,7 m. weitem Dreiecksverband gepflanzt, gegenwärtig einen Massengehalt von 204,96 Festm. auf einer Probefläche von 25,53 Hekt. (1 Morgen) ergeben hatte. Reichlicher Nadelabfall bedeckte den Boden ganz gleichmäßig überall, denn der Bestand war bis zur Stunde vollständig im Schlusse herangewachsen. In der Mitte dieser Fläche waren etwa 60 cm. tiefe, 0,7 m. lange und 0,3 m. breite Löcher hergerichtet worden, um die verschiedenen Lagen und die Beschaffenheit des Bodens beurtheilen zu können. Angestellte Untersuchungen ergaben: eine 10 cm. starke Dammerdeschicht mit einem Untergrund von mergeligem Lehmsande bis zu einer Tiefe von 35 cm., von hier ab bis zu 60 cm. Tiefe reiner Diluvialsand. Auf der genannten Fläche standen 412 Stämme mit einem Festgegehalte von 6629 Cb.-Fuß oder pro Hektar 820 Festm. (12—46 cm. Durchmesser, in Brusthöhe gemessen, 20—24 m. hoch). Hieraus ergiebt sich ein Durchschnittszuwachs von 11,2 Festm. bei einem Alter von 73 Jahren. Von weiterem Interesse war die Mittheilung, daß im Jahre 1853 auf derselben Fläche 552 Stämme mit 5680 Cubik-Fuß stockten, mithin sich in 21 Jahren 949 Cb.-Fuß Zuwachs oder ein jährlicher Durchschnittszuwachs von 45 Cb.-Fuß nachweisen ließ.

Guter Humor und vorzüglicher Appetit paßten zum heiteren Mahle, das mitten im Waldesgrün eingenommen wurde; dann rüstete sich Alles zur Rückfahrt, die ohne längeren Aufenthalt noch einmal die wechselnden Altersclassen der Hochwald- und Plänterbestände zu beiden Seiten des Weges vorübergleiten ließ.

In einem riesigen, 40 m. hohen Tannenbaum, bei dem wir im Proskauer Revier wieder anhielten, führte uns Herr Oberförster Sprengel noch einen würdigen Repräsentanten der in jenem Reviertheil häufig angetroffenen Tannen vor. Der Boden — feiner Lehmsand, mit gröberen Körnchen vermengt, auf Kiesuntergrund — wurde als Kiefernboden I. Classe, Tannenboden II. Classe angesprochen. Zur Feier des Tages wurde dem stolzen Baum der Name „Kronprinzentanne" verliehen, welcher fortan auf zierlicher Tafel am Stamme zu lesen sein wird.

Längs verschiedener gemischter Bestände, in denen die Eiche der Angabe nach stellenweise mit 560 Rm. Derbholz pro Hektar dominirte, nahm unsere Tour ihren Fortgang, bis eine ausgekluppte Probefläche noch einmal zum Aussteigen veranlaßte. Einige 28—30 m. lange Lärchenstämme, die gefällt am Boden lagen, kennzeichneten den Ort, auf welchem pro Hektar die 75—80jährige Lärche (in Brusthöhe bis 49 cm. stark) mit 310 Stämmen 279 Festm., die Kiefer mit 162 Stämmen 137,4 Festm., die Fichte mit 514 Stämmen 116,4 Festm. und die Birke mit 44 Stämmen 25,6 Festm. lieferte, oder in Summa 1030 Stämme mit einem Festgehalt von 558,4 Festm. pro Hektar. Das Bild der räumlichen Vertheilung der Lärche hat wohl Jeder sich eingeprägt. —

Hiermit schieden wir vom Walde, der uns lange Zeit an der Hand der verehrten Herren Oberforstmeister, Oberförster und Docenten eine Quelle der Belehrung gewesen.

Es lag wohl nahe, noch einmal, bevor Jeder seinem Bestimmungsorte zueilte, nach gemeinsamer Arbeit und Anstrengung, nach zusammen erlebten Freuden und Reisebeschwerden, im Bewußtsein, das vorgesteckte Ziel nach Kräften erstrebt und ein geistiges Gut sich angeeignet zu haben, die vom Berufseifer dem Gefühl gesetzten Schranken in festlicher Stimmung hinwegzuräumen und dem herzlichen Austausche der mancherlei Gedanken vor dem Scheiden noch eine kurze Weile zu fröhnen. Ist doch die Menschennatur so beschaffen, daß sie das Liebste und Angenehmste, womit sie zu dienen vermag, auf die Stunden der der Begrüßung und des Abschieds häuft!

Ich glaube, uns Allen ward der Schatz der Erinnerungen durch das Abschiedsfest in Proskau, durch die herzlichen Worte, die Gastgeber und Gäste, Lehrende und Lernende miteinander wechselten, befestigt und bereichert. —

Es lebe, was auf Erden
Stolzirt in grüner Tracht! —

Berichtigungen.

Seite 16 Zeile 7 von unten lies *vom* statt von.

Seite 43 Zeile 7 von unten, Seite 44 Zeile 7 von unten, Seite 46 Zeile 1 und Zeile 6 von oben, Seite 47 Zeile 11 von oben und Seite 51 Zeile 3 von unten ist *Hermsdorf* (*v. Kramsta'sche Forsten*) statt Grüssau, Seite 53 Zeile 8 von oben desgl. *Hermsdorfer Revier* (*v. Kramsta'sche Forsten*) statt Grüssauer Revier zu lesen (vergl. die Anm. zu Seite 71).

Seite 59 lies *Fig. 7* statt Fig. 8.

Seite 128 Zeile 8 von oben lies *Schlag III und II* statt Schlag II und I.

GPSR Compliance

The European Union's (EU) General Product Safety Regulation (GPSR) is a set of rules that requires consumer products to be safe and our obligations to ensure this.

If you have any concerns about our products, you can contact us on ProductSafety@springernature.com

In case Publisher is established outside the EU, the EU authorized representative is:

Springer Nature Customer Service Center GmbH
Europaplatz 3
69115 Heidelberg, Germany

Batch number: 10844623

Printed by Printforce, the Netherlands